中国古建筑之美

城池防御建筑

千里江山万里城

◎本社 编

中国建筑工业出版社

中国古建筑之美

·城池防御建筑·

千里江山万里城

编委会

凡例

一、全书共分十册，收录中国传统建筑中宫殿建筑、帝王陵寝建筑、皇家苑囿建筑、文人园林建筑、民间住宅建筑、佛教建筑、道教建筑、伊斯兰教建筑、礼制建筑、城池防御建筑等类别。

二、各册内容大致分四大部分：论文、彩色图版、建筑词汇、年表。

三、论文内容阐述各类建筑之产生背景、发展沿革、建筑特色，附有图片辅助说明。

四、彩色图版大体按建筑分布区域或建成年代为序进行编排。全书收录精美彩色图片（包括论文插图）约一千七百幅。全部图片均有图版说明，概要说明该建筑所在地点、建筑年代及艺术技术特色。

五、论文部分收有建筑结构图、平面图、复原图、沿革图、建筑类型比较图表等。另外还附有建筑分布图及导览地图，标注著名建筑分布地点及周边之名胜古迹。

六、词汇部分按笔画编列与本类建筑有关之建筑词汇，供非专业读者参阅。

七、每册均列有中国建筑大事年表，并以颜色标示各册所属之大事纪要。全书纪年采用中国古代传统纪年法，并附有公元纪年以供对照。

序一

《中国古建筑大系》重印序

中国的古代建筑源远流长，从余姚的河姆渡遗址到西安的半坡村遗址，可以考证的实物已可上溯至7000年前。当然，战国以前，建筑经历了从简单到复杂的漫长岁月，秦汉以降，随着生产的发展，国家的统一，经济实力的提升，建筑的技术和规模与时俱进，建筑艺术水平也显著提高。及至盛唐、明清的千余年间，建筑发展高峰迭起，建筑类型异彩纷呈，从规划设计到施工制作，从构造做法到用料色调，都达到了登峰造极的地步。中国建筑在世界建筑之林，独放异彩，独树一帜。

建筑是凝固的历史。在中华文明的长河中，除了文字典籍和出土文物，最能震撼民族心灵的是建筑。今天的炎黄子孙伫立景山之巅，眺望金光灿烂雄伟壮丽的紫禁城，谁不产生民族自豪之情！晚霞初起，凝视护城河边的故宫角楼，谁不感叹先人的巧夺天工。

珍爱建筑就是珍爱历史，珍爱文化。中国建筑工业出版社从成立之日起，即把整理出版中国传统建筑、弘扬中华文明作为自己重要的职责之一。20世纪50、60年代出版了梁思成、刘敦桢、童寯、刘致平等先生的众多专著。改革开放之初，本着抢救古代建筑的初衷，在杨俊社长主持下，制订了中国古建筑学术专著的出版规划。虽然财力有限，仍拨专款20万元，组织建筑院校师生实地测绘，邀请专家撰文，从而陆续推出或编就了《中国古建筑》、《承德古建筑》、《中国园林艺术》、《曲阜孔庙建筑》、《普陀山古建筑》以及《颐和园》等大型学术画册和5卷本的《中国古代建筑史》。前三部著作1984年首先在香港推出，引起轰动；《中国园林艺术》还出版了英、法、德文版，其中单是德文版一次印刷即达40000册，影响之大，可以想见。这些著作既有专文论述，又配有大量测绘线图和彩色图片，对于弘扬、保存和维护国之瑰宝具有极为重要的学术价值和实际应用价值。诚然，这些图书学术性较强，主要为专业人士所用。

1989年3月，在深圳举行的第一届对外合作出版洽谈会上，我看到台湾翻译出版的一套《世界建筑全集》。洋洋10卷主要介绍西方古代建筑。作为世界文明古国的中国却只有万里长城、北京故宫等三五幅图片，是中国没有融入世界，还是作者不了解中国？作为炎黄子孙，别是一番滋味涌上心头。此时此刻，我不由得萌生了出版一套中国古代建筑全集的设想。但如此巨大的工程，必有充足财力支撑，并须保证相当的发行数量方可降低投资风险。既是合作出版洽谈会，何不找台湾同业携手完成呢？这一创意立即得到《世界建筑全集》中文版的出版者——台湾光复书局的响应。几经商榷，合作方案敲定：我方组织专家编撰、摄影，台方提供10万美元和照相设备，1992年推出台湾版。1989年11月合作出版的签约典礼在北京举行。为了在保证质量的同时，按期完成任务，我们决定以本社作者为主完成本书。一是便于指挥调度，二是锻炼队伍，三能留住知识产权。因此将社内建筑、园林、历史方面的专家和专职摄影人员组成专题组，由分管建筑专业的王伯扬副总编辑具体主持。社外专家各有本职工作，难免进度不一，因此只邀请了孙大章、邱玉兰、茹竞华三位研究员，分别承担礼制建筑、伊斯兰教建筑和北京故宫的撰稿任务。翌年初，编写工作全面展开，作者们夜以继日，全力以赴；摄影人员跋山涉水，跑遍全国，大江南北，长城内外，都留下了他们的足迹和汗水。为了反映建筑的恢弘气派和壮观全景，台湾友人又聘请日本摄影师携专用器材补拍部分照片补入书中。在两岸同仁的共同努力下，三年过去，10卷8开本的《中国古建筑大系》大功告成。台湾版以《中国古建筑之美》的名称于1992年按期推出，印行近20000套，一时间洛阳纸贵，全岛轰动。此书的出版对于弘扬中华民族的建筑文化，激发台湾同胞对祖国灿烂文化的自豪情感，无疑产生了深远的影响。正如光复书局林春辉董事长在台湾版序中所言："两岸执事人员真诚热情，戮力以赴的编制精神，充分展现了对我民族文化的长情大爱，此最是珍贵而足资敬佩。"

为了尽快推出大陆版，1993年我社从台方购回800套书页，加印封面，以《中国古建筑大系》名称先飨读者。终因印数太少，不多时间即销售一空。此书所以获得两岸读者赞扬和喜爱，我认为主要原因：一是书中色彩绚丽的图片将中国古代建筑的精华形象地呈现给读者，让你震撼，让你流连，让你沉思，让你获得美好的享受；二是大量的平面图、剖面图、透视图展示出中国建筑在设计、构造、制作上的精巧，让你感受到民族的智慧；三是通俗流畅的文字深入浅出地解读了中国建筑深邃的文化内涵，诠释出中国建筑从美学到科学的含蓄内蕴和哲理，让你获得知识，得到启迪。此书不仅获得两岸读者的认同，而且得到了专家学者的肯定，1995年荣获出版界的最高奖赏——国家图书奖荣誉奖。

为了满足读者的需求，中国建筑工业出版社决定重印此书，并计划推出简装本。对优秀的出版资源进行多层次、多方位的开发，使我们深厚丰富的古代建筑遗产在建设社会主义先进文化的伟大事业中发挥它应有的作用，是我们出版人的历史责任。我作为本书诞生的见证人，深感鼓舞。

诚然，本书成稿于十余年前，随着我国古建筑研究和考古发掘的不断进展，书中某些内容有可能应作新的诠释。对于本书的缺憾和不足，诚望建筑界、出版界的专家赐教指正。让我们共同努力，关注中国建筑遗产的整理和出版，使这些珍贵的华夏瑰宝在历史的长河中，像朵朵彩霞永放异彩，永放光芒。

中国出版工作者协会副主席
科技出版委员会主任委员
中国建筑工业出版社原社长
周谊

2003年4月

序二

《中国古建筑大系》初版序

人们常用奔腾不息的黄河，象征中华民族悠长深远的历史；用连绵万里的长城，喻示炎黄子孙坚忍不拔的精神。五千年的文明与文化的沉淀，孕育了我伟大民族之灵魂。除却那浩如烟海的史籍文章，更有许许多多中国人所特有的哲理风骚，深深地凝刻在砖石木瓦之中。

中国古代建筑，以其特有的丰姿于世界建筑体系中独树一帜。在这块华夏子民的土地上，散布着历史年岁留下的各种类型建筑，从城池乡镇的总体规划、建筑群组的设计布局、单栋房屋的结构形式，一直到细部处理、家具陈设，以及营造思想，无不展现深厚的民族色彩与风格。而对金碧辉煌的殿宇、幽雅宁静的园林、千姿百态的民宅和玲珑纤巧的亭榭……人们无不叹为观止。正是透过这些出自历朝历代哲匠之手的建筑物，勾画出东方人的神韵。

中国古建筑之美，美在含蓄的内蕴，美在鲜明的色彩，美在博大的气势，美在巧妙的因借，美在灵活的组合，美在予人亲切的感受。把这些美好的素质发掘出来，加以研究和阐扬，实为功在千秋的好事情。

我与中国建筑工业出版社有着多年交往，深知其在海内影响之权威。光复书局亦为台湾业绩卓著、实力雄厚的出版机构。数十年来，她们各自从不同角度为民族文化的积累，进行着不懈的努力。尤其近年，大陆和台湾都出版了不少旨在研究、介绍中国古代建筑的大型学术专著和图书，但一直未见两岸共同策划编纂的此类成套著作问世。此次中国建筑工业出版社与光复书局携手联珠，各施所长，成功地编就这样一整套豪华的图书，无论从内容，还是从形式，均可视为一件存之永久的艺术珍品。

中国的历史，像一条支流横溢的长河，又如一棵挺拔繁盛的大树，中国古代建筑就是河床、枝叶上蕴含着的累累果实与宝藏。举凡倾心于研究中国历史的人，抑或热爱中华文化的人，都可以拿它当作一把钥匙，尝试着去打开中国历史的大门。这套图书，可以成为引发这一兴趣的契机。顺着这套图书指引的线索，根其源、溯其流、张其实，相信一定会有绝好的收获。

刘致平

1992年8月1日

序三

《中国古建筑大系》英文版序

当历史的脚步行将跨入新世纪大门的时候，中国已越来越成为世人瞩目的焦点。东方文明古国，正重新放射出她历史上曾经放射过的光辉异彩。辽阔的神州大地，睿智的华夏子民，当代中国的经济腾飞，古代中国的文化珍宝，都成了世人热衷研究的课题。

在中国博大精深的古代文化宝库中，古代建筑是极具代表性的一个重要组成部分。中国古代建筑以其特有的丰姿，在世界建筑史中独树一帜，无论是严谨的城市规划和活泼的村镇聚落，以院落串联的建筑群体布局，完整规范的木构架体系，奇妙多样的色彩和单体造型，还是装饰部件与结构功能构件的高度统一，融家具、陈设、绘画、雕刻、书法诸艺于一体的建筑综合艺术，等等，无不显示出中华民族传统文化的独特风韵。透过金碧辉煌的殿宇，曲折幽静的园林，多姿多样的民居，玲珑纤细的亭榭，那尊礼崇德的儒学教化，借物寄情的时空意识，兼收并蓄的审美思维，更折射出华夏子孙的不凡品格。

中国建筑工业出版社系中国建设部直属的国家级建筑专业出版社。建社四十余年来，素以推进中国建筑技术发展，弘扬中国优秀文化传统、开展中外建筑文化交流为己任。今以其权威之影响，组织国内知名专家，不惮繁杂，潜心调研、摄影、编纂，出版了《中国古建筑大系》，为发掘和阐扬中国古建筑之精华，做了一件功在千秋的好事。

这套巨著，不但内容精当、图片精致、而且印装精美，足臻每位中国古建筑之研究者与爱好者所珍藏。本书中文版，不但博得了中国学者的赞赏，而且荣获了中国国家图书奖荣誉奖；获此殊荣的建筑图书，在中国还是第一部。现本书英文版又将在欧美等地发行，它将为各国有识之士全面认识和研究中国古建筑打开大门。我深信，无论是中国人还是西方人，都会为本书英文版的出版感到高兴。

原建设部副部长 叶如棠

1999年10月

城池防御建筑分布图

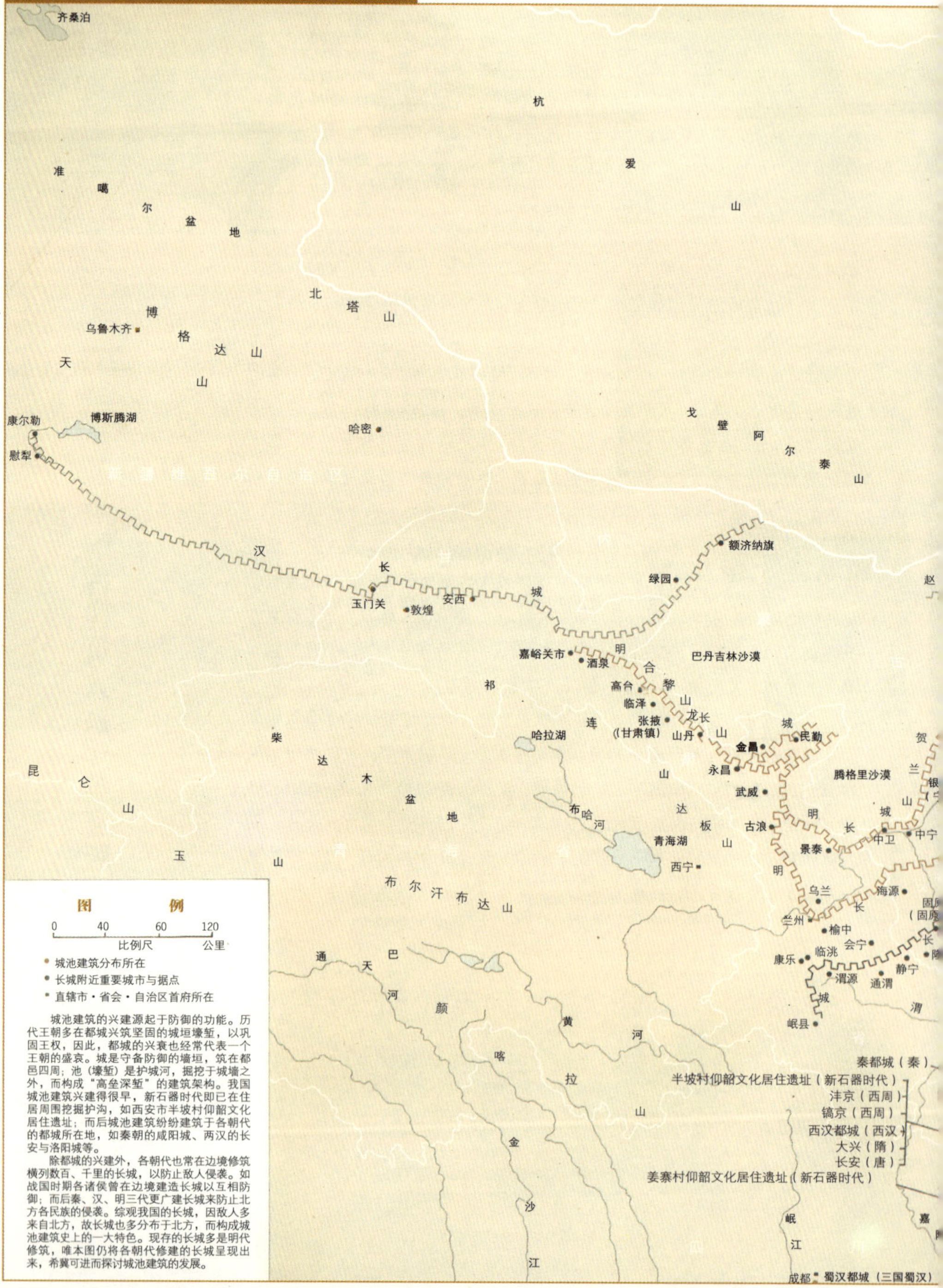

城池建筑的兴建源起于防御的功能。历代王朝多在都城兴筑坚固的城垣壕堑，以巩固王权，因此，都城的兴衰也经常代表一个王朝的盛衰。城是守备防御的墙垣，筑在都邑四周；池（壕堑）是护城河，掘挖于城墙之外，而构成“高垒深堑”的建筑架构。我国城池建筑兴建得很早，新石器时代即已在住居周围挖掘护沟，如西安市半坡村仰韶文化居住遗址；而后城池建筑纷纷建筑于各朝代的都城所在地，如秦朝的咸阳城、两汉的长安与洛阳城等。

除都城的兴建外，各朝代也常在边境修筑横列数百、千里的长城，以防止敌人侵袭。如战国时期各诸侯曾在边境建造长城以互相防御；而后秦、汉、明三代更广建长城来防止北方各民族的侵袭。综观我国的长城，因敌人多来自北方，故长城也多分布于北方，而构成城池建筑史上的一大特色。现存的长城多是明代修筑，唯本图仍将各朝代修建的长城呈现出来，希冀可进而探讨城池建筑的发展。

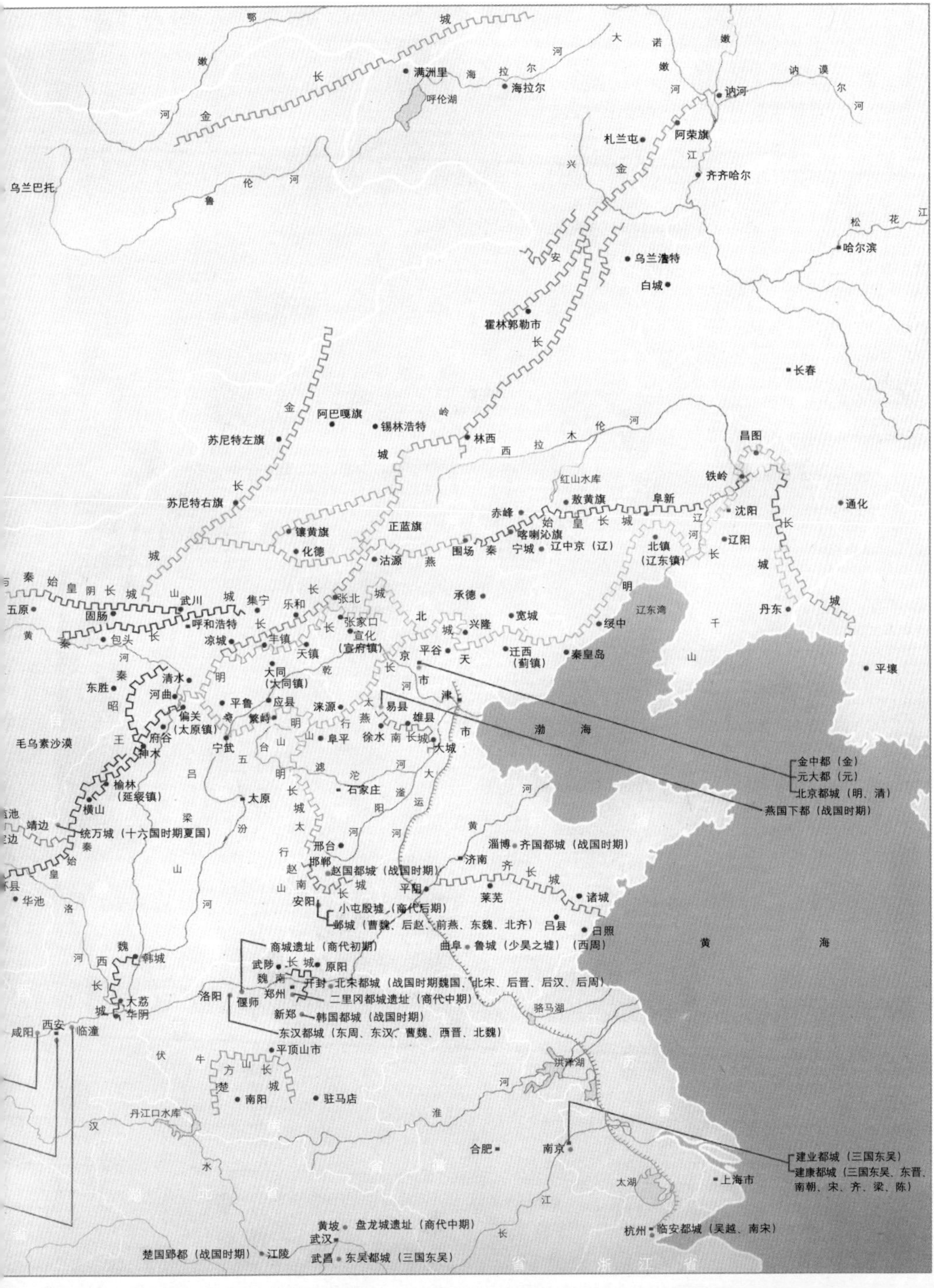

满洲里
呼伦湖
海拉尔
讷河
札兰屯
阿荣旗
齐齐哈尔
哈尔滨
乌兰浩特
白城
霍林郭勒市
长春
乌兰巴托
阿巴嘎旗
锡林浩特
林西
昌图
苏尼特左旗
苏尼特右旗
红山水库
铁岭
敖黄旗
阜新
沈阳
通化
赤峰
喀喇沁旗
辽阳
镶黄旗
正蓝旗
化德
沽源
围场
宁城
辽中京（辽）
北镇
（辽东镇）
五原
固阳
武川
集宁
乐和
张北
承德
宽城
丹东
呼和浩特
张家口
宣化
（宣府镇）
兴隆
绥中
包头
凉城
丰镇
天镇
平谷
迁西
（蓟镇）
秦皇岛
平壤
清水
大同
（大同镇）
东胜
河曲
平鲁
应县
涞源
易县
雄县
偏关
（太原镇）
繁峙
府谷
神木
宁武
阜平
徐水
大城
毛乌素沙漠
榆林
（延绥镇）
横山
太原
石家庄
金中都（金）
元大都（元）
北京都城（明、清）
燕国下都（战国时期）
靖边
统万城（十六国时期夏国）
淄博
齐国都城（战国时期）
邢台
济南
邯郸
赵国都城（战国时期）
平阴
莱芜
诸城
华池
安阳
小屯殷墟（商代后期）
邺城（曹魏、后赵、前燕、东魏、北齐）
莒县
日照
商城遗址（商代初期）
曲阜
鲁城（少昊之墟）（西周）
韩城
武陟
原阳
开封
北宋都城（战国时期魏国、北宋、后晋、后汉、后周）
郑州
二里冈都城遗址（商代中期）
大荔
华阴
洛阳
偃师
骆马湖
新郑
韩国都城（战国时期）
咸阳
西安
临潼
东汉都城（东周、东汉、曹魏、西晋、北魏）
平顶山市
洪泽湖
南阳
驻马店
丹江口水库
合肥
南京
建业都城（三国东吴）
建康都城（三国东吴、东晋、南朝、宋、齐、梁、陈）
上海市
太湖
黄坡
盘龙城遗址（商代中期）
武汉
杭州
临安都城（吴越、南宋）
楚国郢都（战国时期）
江陵
武昌
东吴都城（三国东吴）
金长城
金界壕
秦始皇长城
赵长城
燕长城
燕北长城
明长城
齐长城
魏长城
楚方城
辽东湾
渤海
黄海
北京市
天津市

敦煌市周边导览图

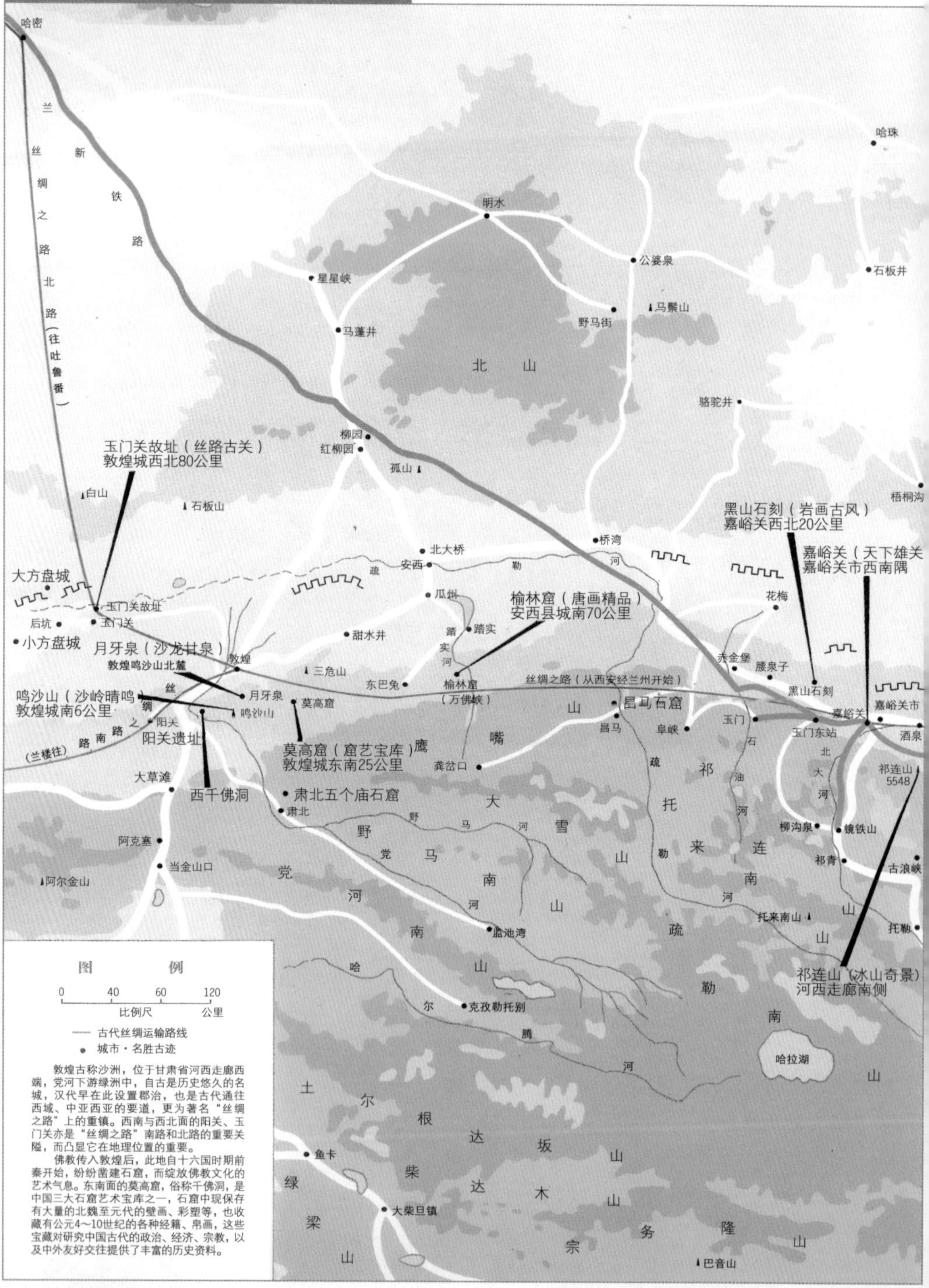

敦煌古称沙洲，位于甘肃省河西走廊西端，党河下游绿洲中，自古是历史悠久的名城，汉代早在此设置郡治，也是古代通往西域、中亚西亚的要道，更为著名“丝绸之路”上的重镇。西南与西北面的阳关、玉门关亦是“丝绸之路”南路和北路的重要关隘，而凸显它在地理位置的重要。

佛教传入敦煌后，此地自十六国时期前秦开始，纷纷凿建石窟，而绽放佛教文化的艺术气息。东南面的莫高窟，俗称千佛洞，是中国三大石窟艺术宝库之一，石窟中现保存有大量的北魏至元代的壁画、彩塑等，也收藏有公元4～10世纪的各种经籍、帛画，这些宝藏对研究中国古代的政治、经济、宗教，以及中外友好交往提供了丰富的历史资料。

Contents / 目 录

Contents / 图版目录

城池防御建筑 · 千里江山万里城

长城

华北

Contents / 图版目录

中国古建筑之美

· 城池防御建筑 ·

千里江山万里城

论文

城池防御建筑的沿革

——历代都城的兴盛与衰亡

城池的兴建起于防御功能，历代王朝无不耗费大批人力物力兴筑坚固的都城，以巩固王权。所以一个都城的兴衰，也经常代表一个王朝的盛衰成败。

城垣壕堑肇兴

城垣壕堑是自古以来人们用以防御的工程建筑，也称为城池。城就是守备防御的墙垣。筑在都邑四周的墙垣一般为两重，内为城，外称郭。它也可以建筑成为横列几百里、几千里的列城或长城，如驰名于世界的万里长城。壕堑就是护城河，即挖掘在邻近城墙之外的防御性壕沟，属于城垣防御的组成部分，所谓“高垒深堑”。

古文献称，上古之世，人们穴居野处，冬则居营窟，夏则居橧巢，后来定居下来，出现了房屋、聚落。根据考古的发掘，聚落周围，大多挖掘有壕沟，以防御外来的侵袭。譬如陕西省西安市半坡村的一处新石器时代仰韶文化居住遗址，周围就由一条宽、深各为5～6米的壕沟围绕，这显然是为了防御外来侵袭而挖掘。另陕西临潼附近姜寨村的一处仰韶文化居住遗址，整个居住区北、东、南三面

被一条壕沟所包围，只西南一面以一条河流作为天然的壕堑，也属人们有意识地挖掘的防御性工程。这些大概可以算是最早的城垣壕堑了。

三代城邑

三代以前的都邑，史书记载多为传说，如说伏羲都于陈，神农都曲阜，黄帝邑于涿鹿，尧都平阳，舜都蒲阪。这些，因为都没有得到考古发掘证实，故只能姑妄言之了。至于这许多都邑有无城垣，就更不可得而知。

古文献记载，夏朝(夏启)建都安邑(山西省安邑县)，曾修筑城郭沟池，但至今未发现确切的遗址。

商汤灭夏，建都于亳，其后的十代，五迁其都城，至盘庚才迁殷(今河南安阳小屯)。考古发掘证实，除小屯殷墟这处商后期都城外，偃师商城遗址，当即商初的都城“西亳”。郑州二里冈商城遗址应为商代中期的一座都城遗址。湖北黄陂县盘龙城遗址，则属商代中期的一个方国都城。

商代这些都城的城墙，皆为黏土夯筑，土质密实，夯打坚实，系采用分段夯筑，逐段延伸的版筑法。墙体呈梯

司马台长城

司马台长城是明代古北口路长城之一段，扼守古北口的东方咽喉，城墙随燕山山脉的走向起伏于崇山峻岭之中。敌楼多构筑在陡峭的峰巅危岩之上，雄奇绝险，被称为“长城之最”。墙体为砖石构筑，大部分为双面垛口墙，唯于特别陡峭处，筑成北面垛口单体墙。雉堞布有层层射孔，墙顶底部设礌石孔。司马台长城山下较平坦地段，墙顶宽五六米，而山巅绝崖处的单边石墙，顶宽只两块砖(40厘米)，有“天桥”之称，是一项坚固险要的军事防御建筑。(严欣强 / 摄影)

形，上窄下宽，墙基宽约10～20米不等，土质分层夯实，至今仍留有密集的夯窝。墙体内外两侧有斜坡状的夯土护墙坡。城的每面都有门，从一门至三门不等。从已发掘的偃师商城西门看，它为一土木混合建筑。门宽约2米，门道长16米。门道两侧各筑有一道木骨夯土墙，并竖有一排木柱，柱底有石柱础，可以想知其上应建有高大的城门楼。城内布局井然有序，城门之间有大道相通，纵横交错，形成棋盘格局，中国传统都城布局思想，已见于商代都城。盘龙城的周围，有一道口宽14米、底宽6米的护城壕紧贴城墙外侧。

这些都城之内，均建有庞大的宫殿建筑。宫殿多建在高大的夯土台上，开了后世高台建筑的风气。郑州商城内宫殿的东北侧，发现有祭坛一处，是商王祭祀祖先的地方，或许这就是《周礼·考工记》里“左祖右社”的先声。

周代营造了两座都城，一是西都的沣京与镐京，一是东都的成周与王城。

古书记载，“文王作沣”，“武王宅镐”。沣京在西安沣河西岸，是西周早期营建的一处都城，后来又在沣河东岸营建镐京。这大约是为了向东发展，以作灭商的准备。这处西周京城，毁于西周末周幽王时期的犬戎入侵，如今只余遗址了。

周灭商后，为了弹压殷民和便于四方入贡，在洛邑营建了两座都城，一曰王城，居西周遗族；一曰成周，居殷“顽民”(殷旧贵族)。公元前770年，周平王东迁，以王城为国都。据《元康地道记》载：“王城城郭四方各开三门，共十二门，门三道，宽二十步。”据考古发掘，王城北依邙山，南傍洛水，呈不规则长方形，南北长3700米，东西宽2890米。城墙部分残存，厚8～14米，城外有5米深的城壕。

曲阜鲁城是西周鲁国的都城，古称少昊之墟，商奄旧国。鲁城约建于西周初，为鲁侯伯禽(周公之子)的封邑。平面呈回字形，所谓“筑城以卫君，造郭以守民”。东西长3.7 公里，南北宽2.7 公里。城北、西两面临洙水，以河为天然城壕，东、南两侧挖有人工护城河。城墙夯土筑成，基

江苏苏州城盘门及瓮城

苏州古城属春秋吴国都城，始建于周敬王六年(公元前514年)，即吴王阖闾元年。距今已逾2500余年，当年古城早已不存，至今只保留几座城门的旧名称。盘门位于古城西南隅，是古城八门之一。现存城门为元至正十一年(1351年)重建，明、清两代又有重修。它包括两道陆门和两道水闸门。两道陆门间由门与墙垣构成瓮城。

宽40米，残高10米。城的北、东、西三面各开三门，南面开二门。南向的二门外均筑有夹道墩台，或即古文献所称之“雉门”。城内中部偏东北处为宫城，其规制与《周礼·考工记·匠人》所载王城制度颇为近似。

春秋战国都城

战国纷争，各诸侯国竞相筑城以自卫，他们在各自的都邑筑城，如齐的临淄、赵的邯郸、魏的大梁、韩的新郑、秦的咸阳、楚的鄢郢。而楚、齐、燕、赵、魏、秦还在自己的国境线上修筑长城。这些城垣大多为夯土版筑，也有用石块垒砌的。

齐国都城临淄(今山东省淄博市)是战国时期一处繁华的大都邑，《史记·苏秦列传》中说：“临淄之中七万户。”城分大、小二城，均矩形平面，小城东北角套入大城西南角中。小城周长7275米，其中南垣长1402米，北垣长1404米，东垣长2195米，西垣长2274米。大城周长14158米，而其中南垣长2821米，北垣长3316米，东垣长5209米，西垣长2812米。城墙为夯土版筑，墙基宽19～43米不等。城东、西以淄水为壕堑，南、北两面城外侧掘有近30米宽的护城河。小城南面有二门，东、西、北各一门。大城东、西面各一门，南、北各二门。门道宽约10米。从形制看，小城当为宫城，大城似为郭，属春秋战国时通行的都城形制。

春秋战国都城遗址示意图

齐临淄城遗址示意图

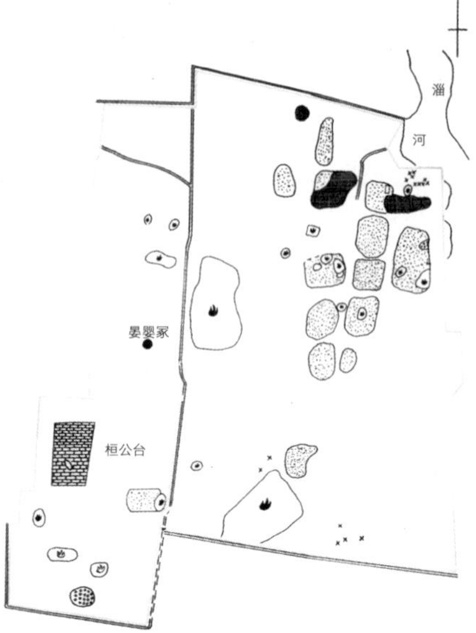

赵邯郸城遗址示意图

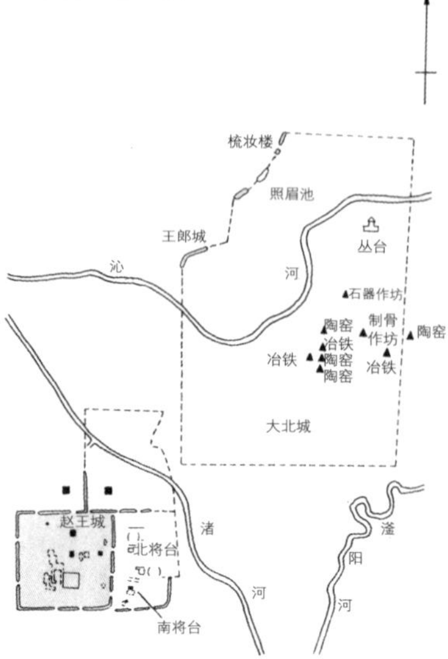

宫殿建筑区　文化堆积高地　冶铁遗址　冶铜遗址　铸钱遗址　制骨遗址　墓葬、殉马坑　城墙　壕、沟

古城墙址　地下墙址　夯土遗址　地面遗址　地下夯土遗址　地下遗址

新郑郑韩都城遗址示意图

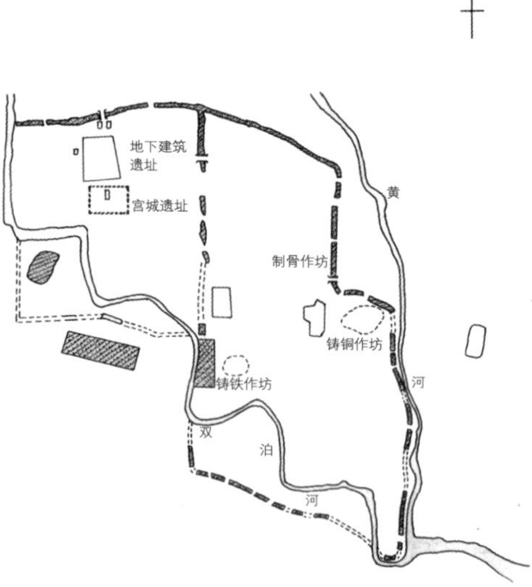

燕下都遗址示意图

地上城墙　夯土建筑遗址　墓葬区　手工业作坊遗址　地下城墙　城门遗址　老姆台　铸铁　观音庙台　铸钱　住宅　烧陶

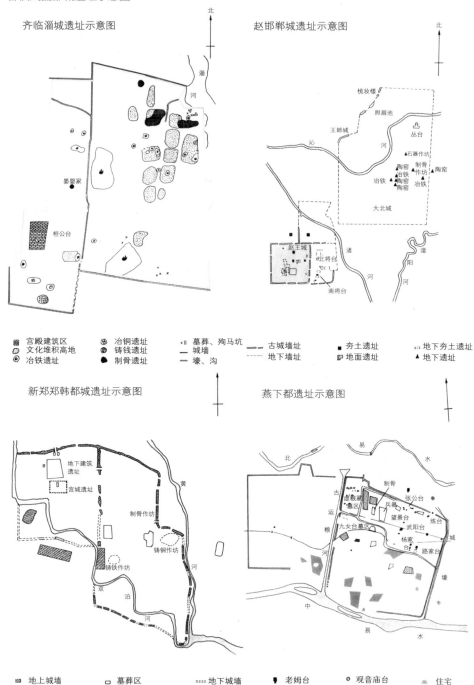

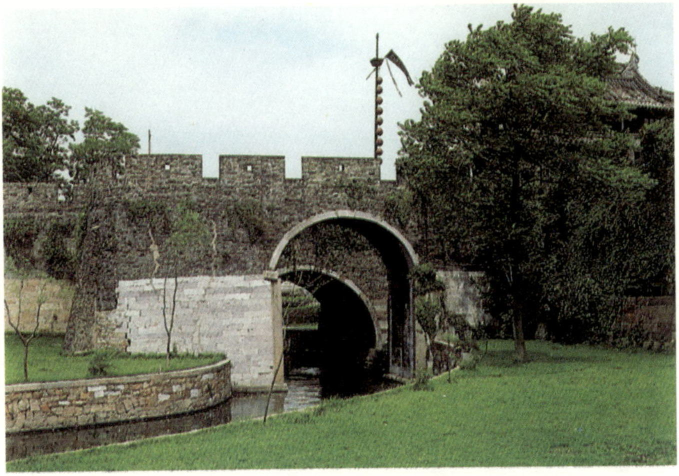

苏州城盘门水门

盘门陆门南侧有前后两道拱券式水闸门，均由花岗石筑成，可通行船只。大运河由北而来，经盘门城角处折向东流，与水门中流出的水汇合，使盘门水门在沟通苏州西南城内外的水运上，有特殊的地位。

赵国都城邯郸（在今河北省邯郸市）也是战国时期一座大城邑。都城呈品字形，南面两城并列，北面附为一城，城间相接部分合用一道城墙。西城呈矩形，东城与北城呈梯形。城墙为夯土筑成，基宽16米，已发现有八个城墙缺口，均通向城内夯土台基址。城中共发现有十座大夯土台，反映战国时高台建筑之风的盛行。三小城东北100米处为一矩形大城，东西宽3.2公里，南北长4.8公里，墙宽约16米，残高12米，当属居民区。

燕下都 是战国时燕国的都城之一，建于公元前4世纪，位于河北省易县东南，南、北易水之间。由东、西两个方形小城连接而成，东西长约8300米，南北宽约4000米。城墙为黄土版筑，残存遗址约宽7～10米。西城建筑年代较晚，或为陆续扩建而成，属防御性附城，城内文化遗迹也较少。东城是主城，城内有高大的夯土台，属宫殿区。城墙受河水冲蚀，多处已湮没于地下。城内有一东西横贯夯土墙，将城分为南、北两部分，似是为了护卫宫殿区而筑造。

新郑郑韩都城 先后是郑国与韩国的都城，位于今河南省新郑县，城址随河岸曲折呈不规则长方形，东西长5000米，南北宽4500米。城中有一墙纵贯南北，将城分为东、西两部分。西为内城，东为外郭。西城内有密集的建筑遗址，属于宫殿区。文献记载，城郭共有11座城门。城墙为夯土筑成。据发掘查明，墙的下部分，保留有春秋时期的夯

楚郢都遗址示意图

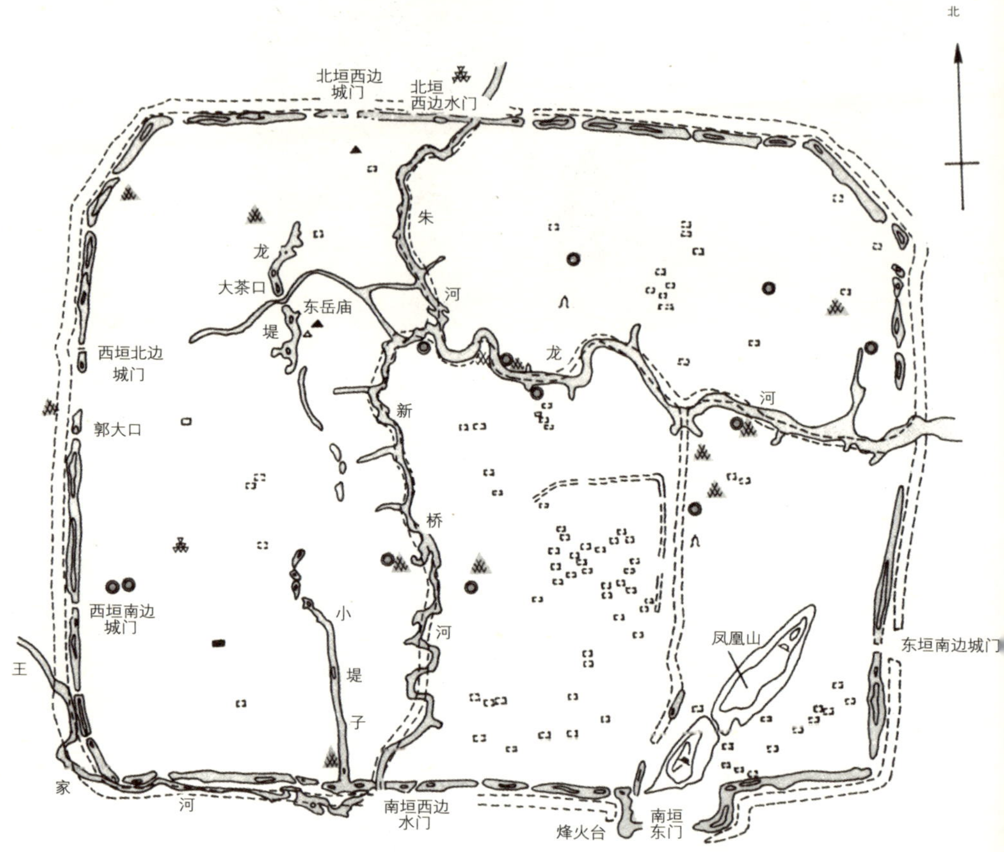

勘探城门 已掘城门 勘探夯土台基 已掘夯土台基 东周墓葬 已掘东周墓葬 古井群 古窑址 秦汉墓葬 已掘秦汉墓葬 东周文化堆积处 新石器时代遗址 勘探夯土墙遗迹 勘探护城河、古河道

基，这个夯基之上，则是战国时期的夯土城墙。可推知这座郑、韩国都城是春秋、战国两个历史时期构筑的。

楚郢都 位于湖北省荆州(今江陵县)，城北为纪山，故名纪南城。城平面呈长方形，东西长4400米，南北宽3500米，面积约有16平方公里。城墙为夯土筑成，残高4～8米不等。城垣顶宽达10～14米。墙外有较陡的护坡，从夯土颜色判断，可能是春秋末或战国初筑造。遗址有城门七处，其中水门二处。城门宽大，有三个门道，中间门道宽约8米，这种一门三道，显系"一道三涂"形制的运用。城垣之外在距护坡30米左右处，挖掘有护城河，宽40～80米。城内东南部有60余座夯土台，系宫殿群遗址。

秦咸阳与两汉的长安和洛阳

秦、汉两朝，中国历史上第一次建立统一的中央集权大帝国。为了防御北方匈奴对中原的南侵和自身政权的巩固，大力修筑防御工程。首先是秦始皇和汉武帝两位皇帝大规模修长城，使用人力动辄几万至几十万。汉朝还修筑京城长安与东都洛阳。此外，地方城邑也沿着战国以来各诸侯国都城而续有兴建，不过此时的地方城，已远非战国时期的规模了，既然是中央集权统治下的地方城镇，自然不允许有那么坚固的防御工程。

秦孝公时"作咸阳，筑冀阙，徙都之"，以其地处于山南(九嵕山)水北(渭水)，故取名咸阳。秦始皇并六国后，将都城向渭河南岸扩展。史书记载，秦始皇一次就徙天下富豪十二万户，以充实咸阳，城池之大可想而知了。《三辅黄图》中也说："咸阳北至九嵕、甘泉，南至鄠、杜，东至河，西到汧、渭之交，东西八百里，南北四百里，离宫别馆，相望联属。"咸阳城的城池壮丽，宫殿豪华，史书上多有描述。公元前206年，项羽的一把大火，咸阳城可怜竟成焦土，数十年经营，一朝毁灭殆尽。

西汉都城长安，在今西安市渭河南岸，取"长治久安"之意，遂名长安。城垣建于汉惠帝元年(公元前194年)至五年的两次大规模修筑，征发劳役近15万人。城呈不规则方形，周长25.5公里，每面各开三门，每门有三个门洞，城门上建有重楼。城墙全为黄土夯筑，至今夯层还清晰可见，土质纯净，夯打结实，几可与砖墙媲美。墙体宽16米，残存城垣最高处达8米。城垣外环绕深3米、宽8米的护城壕沟。西汉末年，长安城遭受了一次破坏。刘秀称帝，定都洛阳，长安从此不再有昔日的鼎盛景象，到了东汉末年的“董卓之乱”，再一次遭受彻底毁坏，“长安城空四十余日”，旧日辉煌都城已成野草丛生，狐兔、野鸡出没的景象。

东汉光武帝于建武元年（公元25年）东驾入洛阳，遂定于此。这座都城北依邙山，南临洛水，呈长方形平面，城垣

汉长安城平面图与长乐宫·未央宫图

汉长安城与长乐宫、未央宫图

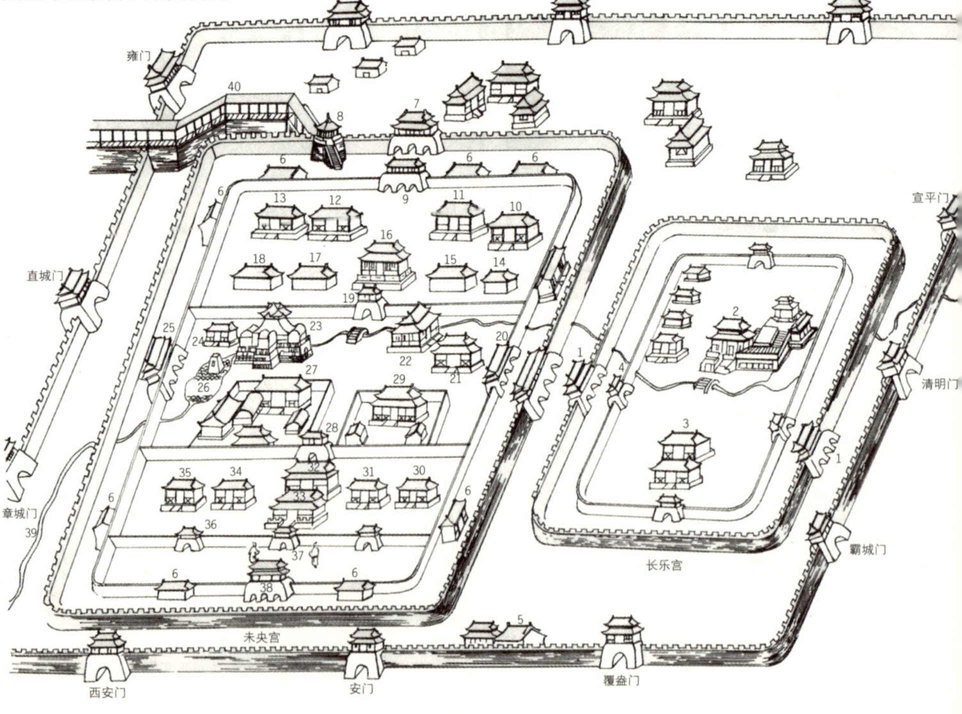

1.东关 2.大厦殿 3.临华殿 4.西关 5.武豪 6.区卢 7.北关 8.抱梁台 9.北司马门 10.凤凰 11.兰林 12.披香 13.驾鹭 14.农成 15.昭 16.椒房殿 17.飞翔 18.合欢 19.长门 20.东司马门 21.温室殿 22.天栋门 23.石渠阁 24.清凉殿 25.西司马门 26.沧池 27.承明卢 28.马门 29.宦者署 30.广明殿 31.宣明殿 32.宣室 33.前殿 34.昆栖殿 35.玉堂殿 36.掖门 37.凭门 38.南司马门 39.飞渠 40.复道

汉长安城平面图

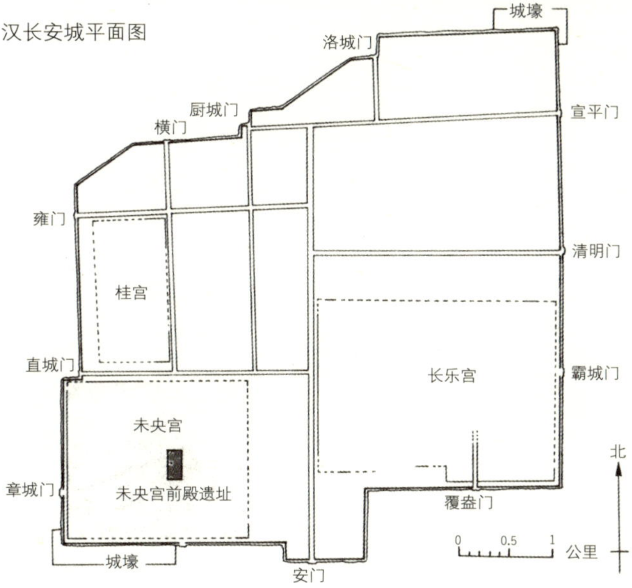

长安城中的主体建筑未央宫，因作为君主统治中心，故建在城内西南部全城最高的位置。它利用天然地形加以人工修筑，将宫南丘陵低洼处挖成壕堑，更进一步加高了未央宫的地势，使之能够俯瞰全城动态，便于防守。

长约4300米，宽3700米，今残高5～7米。据古代文献记载，东汉洛阳城东西六里十一步，南北九里一百步。城有十二座城门，门外左、右建有双阙，甚是壮观，相传当时45里处的偃师都可遥见京城的朱雀阙。城墙外四周挖有阳渠(护城河)。班固在《两都赋》里说："增周旧，修洛邑。扇巍巍，显翼翼。光汉京于诸夏，总八方而为之极。于是皇城之内，宫室光明，阙庭神丽。"这可以说是当时洛阳的写照了。

东汉末年，各地豪强常聚集宗族乡党，筑垒建堡以自保。这种小城堡，周建方形高垣，前后开门，四隅建角楼。这些防御性小城堡，称坞壁，是地方乡曲性的一种防御建筑。坞壁实物当然早已不存，于今只可能从出土陶器中和壁画上略知其一点梗概。

三国邺城、建业与成都

东汉末年连年战火，许多城镇受到严重破坏，"各城空而不居，百里绝而无民者，不可胜数"，继而出现了天下三分的局面。先是曹操在漳水之南修建了邺城(在今河北省临漳县)。邺城东西长3000米，南北宽2100米，南面开三座门，东、西各一门，北面二门，呈长方形，由一条横贯东西的大道将邺城分为南、北两部分，宫殿区置于北城居中。宫城西侧即城的西北部为铜雀园，有名的铜雀三台，就分别建在西城墙北部之上，平时供游赏，战时为城防要塞。沿西墙还建有武器库、仓库、马厩，显然，这些设置也都是防御性的。

东吴的都城建业(在今江苏省南京市)是汉末孙权所营建，西傍石头山，建有石头城作为军事屏障，东依钟山，北有幕府山，秦淮河贯于前，形势险要。史书称张纮建计孙权：

曹魏邺城平面示意图

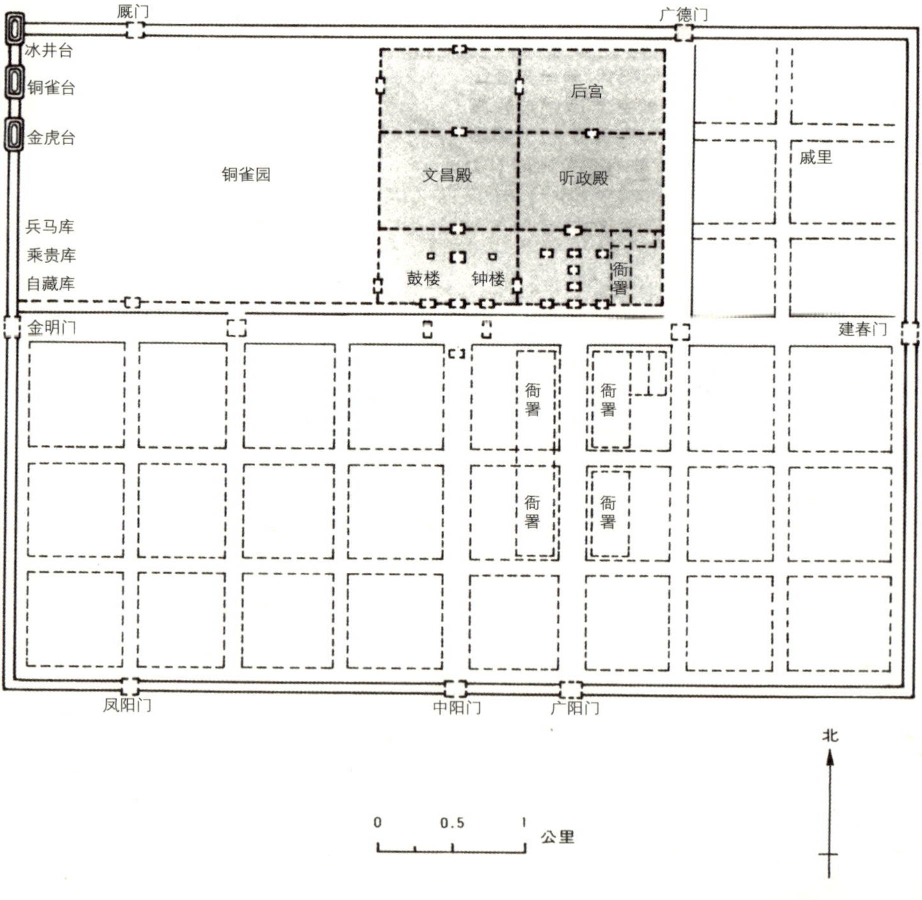

南京石头城墙垣遗迹

石头城俗称鬼脸城，位于南京汉中门外清凉山后，濒临长江。东汉建安十六年(211年)，孙权自京口(今镇江)徙迁秣陵(今南京)，次年在金陵邑城基础上筑城，改名石头城。石头城的最高处建有烽火台，是长江防线上的一个重要报警站。此城依山临江，成为南京西南最重要的屏障。

“秣陵，楚武王所置，名为金陵，地势冈阜连石头，望气者云，金陵地势有王者之气，宜以为都邑。”权从之，建以为都。孙权先后曾建都于武昌与建业，都是出于战守形势的要求。当他把西蜀作为主要敌人时，就西居武昌，而当他把曹魏作为主要敌人时，则东迁建业。古书所称：“宁饮建业水，不食武昌鱼；宁还建业死，不止武昌居”，均指此意。

据说古蜀王从广都迁居成都，仿效周太王由豳迁岐山下“一年城邑，三年成都”之意，取名成都。成都之名，早见于战国时期，以后两千多年从未变易。东汉末，刘备入西川，公元221年称帝，史称蜀汉，就以成都为都城。不过刘备和诸葛亮并未大规模修筑成都城郭，一则是以“伐魏兴汉”为目标，在成都是临时驻跸；二则是国力微弱，使他无暇也不可能从事成都城的修筑，而且蜀汉政权不久就灭亡了，前后只不过存在50年。

两晋南北朝的城垣建筑

两晋南北朝时期，中国处于三百年的分裂战乱局面。此时期的城垣建筑，规模较大和使用时间较长者只有邺城、统万城、洛阳和建康几座城。

十六国之一的后赵，曾在曹魏邺城的基础上建新城。城垣以砖包砌，城上每隔一百步建一楼（敌楼），城角还建有角楼。城内建有宫殿、台观、苑囿多处。可是时隔不久，后赵

南京城城墙

明代的南京城建于元至正十六年(1356年)，至明洪武十九年(1386年)才正式筑成。城垣用巨型条石作基，选用上好的黏土烧成重约20～40斤的大砖，加糯米拌石灰浆砌筑，坚固结实。整个城垣共建有200座战台。

覆灭，邺城也就毁了。以后东魏自洛阳迁都于邺，在旧邺城南筑新城，称为邺南城。城东西6里，南北8里。公元550年北齐灭东魏，继续以邺为都城，并有所增筑。到了公元577年，北周灭北齐，邺城沦为废墟。

统万城是十六国时期夏国的都城，建于赫连勃勃凤翔元年（413年）。城址在今陕西省靖边县境内，前后沿用了五百多年，毁于北宋初年。城为东、西并列的二城。西城建筑年代较早，应为大夏国的都城，平面为矩形，东西557米，南北692米。城基宽60米，残高10米。城的四角各有巨大的角墩，残高31米，上面留有建筑残迹。城墙有突出于城面的敌台。城墙有的地方还建有中空的仓库，可能是做储粮用的。城的四面各有一门，城门外都有瓮城。统万城构筑极为坚固，系用砂、石灰、黏土混合夯筑，夯层均匀密实。为防止崩塌，城台夯土中每隔一定高度，平铺一层水平木骨，做法超过当时中原的筑城技术。

曹丕代汉称帝，即由邺城迁都洛阳。西晋永嘉之乱，洛阳城被毁。北魏孝文帝太和十八年（494年）由平城迁都洛阳，于旧址重建新城。城分宫城与都城两重城垣。都城东西7里、南北9里，南、西各辟四门，东三门，北二门。都城四面有河水环绕，加强了城垣的防御能力。

建康相继是孙吴、东晋、宋、齐、梁、陈六国朝代的都城。东晋时，因吴旧城增辟九门，后来宋、齐、梁、陈各朝陆续有营建。城南北长，东西略狭，近方形，周长20里，南、北两面各四门，东、西各二门。建康城无外郭，但其西南有石头城、西州城，城北沿长江建筑石垒，东北屏钟山，东有东府城，组成城的外围防线，历来被称为形胜之都城。

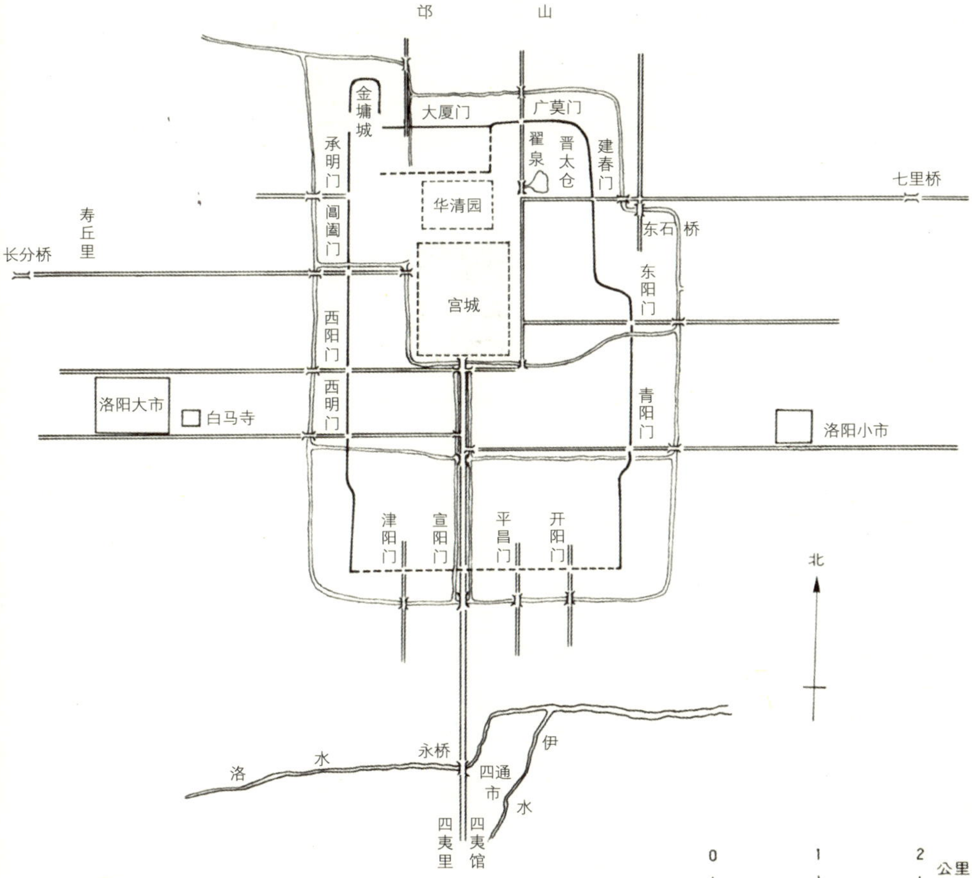

北魏洛阳城平面示意图

北魏洛阳城的规划主轴线因宫城偏西北而略向西移，宫城前南北主干道——铜驼街两侧分布着官署和寺院，干道南端的东西两侧则建太庙和太社，其余是居住的里坊。

都城西面的西阳门外，是著名的商业区洛阳大市，附近是商人和手工业工人居住区。西市的西面北至邙山一带是庞大的皇族府邸区——寿丘里。都城南面正门宣阳门外，有贵重货物交易的四通市、四夷馆、四夷里，都城外东侧是交易农产品和牲畜的洛阳小市。至于都城的外郭，虽见于记载，但其遗址尚未证实。

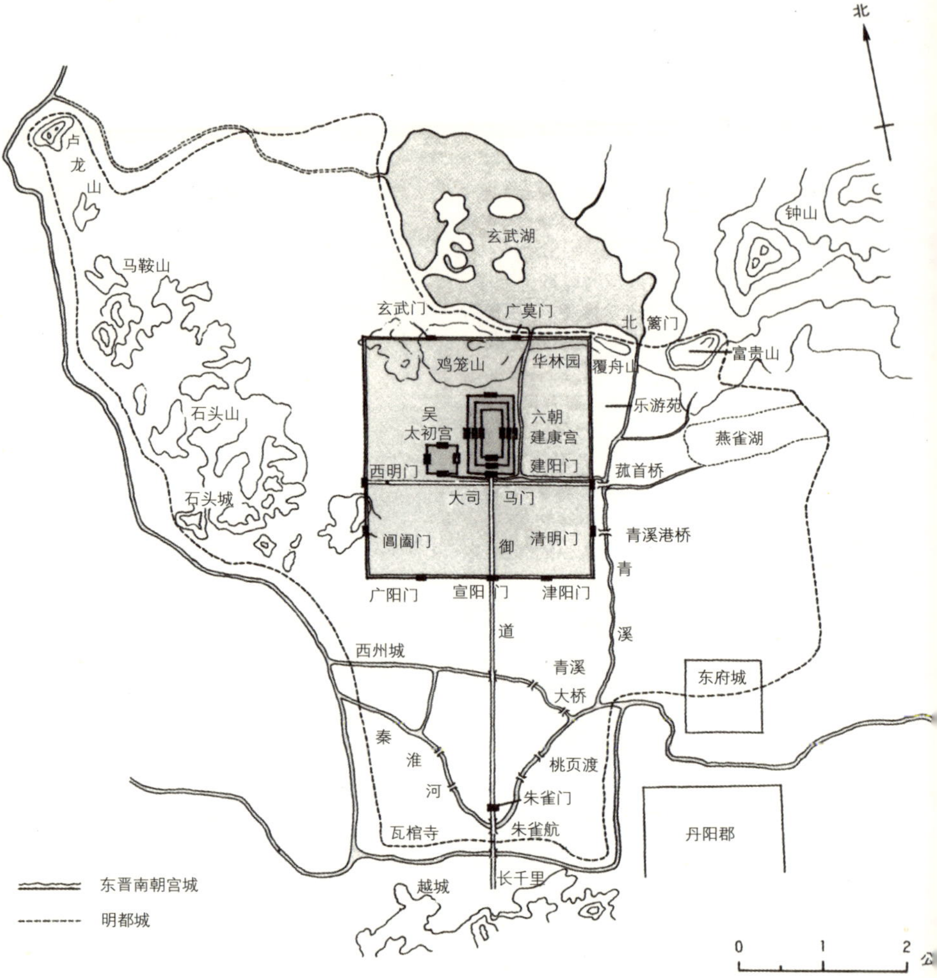

东晋南朝建康城平面示意图

建康宫没有郭城作为防线，西方有石头城，西南有西州城，北郊长江边筑白石垒，东北有钟山，东有东府城，东、南两面沿青溪和秦淮河立栅，设篱门。如此便组成都城的外围防线。

隋唐长安城

隋、唐两代是中国古代社会的鼎盛时期，边疆远拓，长城不再是边墙，因此终唐一代，始终没有修筑长城之役。由于国力富强，修筑了中国建筑历史上最大的都城长安城与东都洛阳。各道首府也多修建城垣，特别是“安史之乱”以后，藩镇割据，互相侵夺，各地方多修筑城垣以自保。

隋文帝杨坚统一中国，定都长安，命宇文恺在汉长安故城的东南建新都城，名大兴城。唐代隋，仍定都长安，改名长安城。唐高宗时两次征发数万人修筑长安城外郭城，及外郭的东、南、西三面的九座城门。把长安修建为当时世界上最大的都城。皇城和宫城在都城中心偏北，以后又在龙首原上修建一座大明宫。长安城平面近方形，东西长9721米，南北宽8651米，周长36公里，面积为83平方公里。城墙全部为夯土版筑，城基宽9～12米，各门的两侧基宽达20米。每面三门，每门有三个门洞(“一门三观”)。据文献记载，各城门上都有高大的城楼。各门均设武官、士兵把守，守卒多近百人。还设有城门郎，负责城门启闭之职事。据考古发掘，长安城中轴线直对朱雀大街的明德门，为一门五道，门道各宽5米，进深18米，门道间夯土隔墙厚3米，墙面用砖砌筑。城门洞两壁立有排柱，可见其上曾建有高大的城楼。唐末朱温挟唐昭宗东迁洛阳，并逼迫全城居民“按籍迁居”，长安城被彻底破坏，一代名都顿成废墟。

洛阳城是隋、唐两朝的东都。隋炀帝时即派杨素、宇文恺主持修筑新城，每月役使役夫多达200万人，工程浩大。唐武则天时，改东都为神都，又大规模营建。这座新城建在北魏洛阳城以西10公里处，北依邙山，南对龙门，南北长7312米，东西宽7290米，平面近方形，部分城墙随洛水弯曲。洛水贯城，将城分为南、北两部分。皇城、宫城偏居城的西北区。城的东、南各有三座门，北二门，西面则有皇城、宫城的各二门。

唐长安城平面图

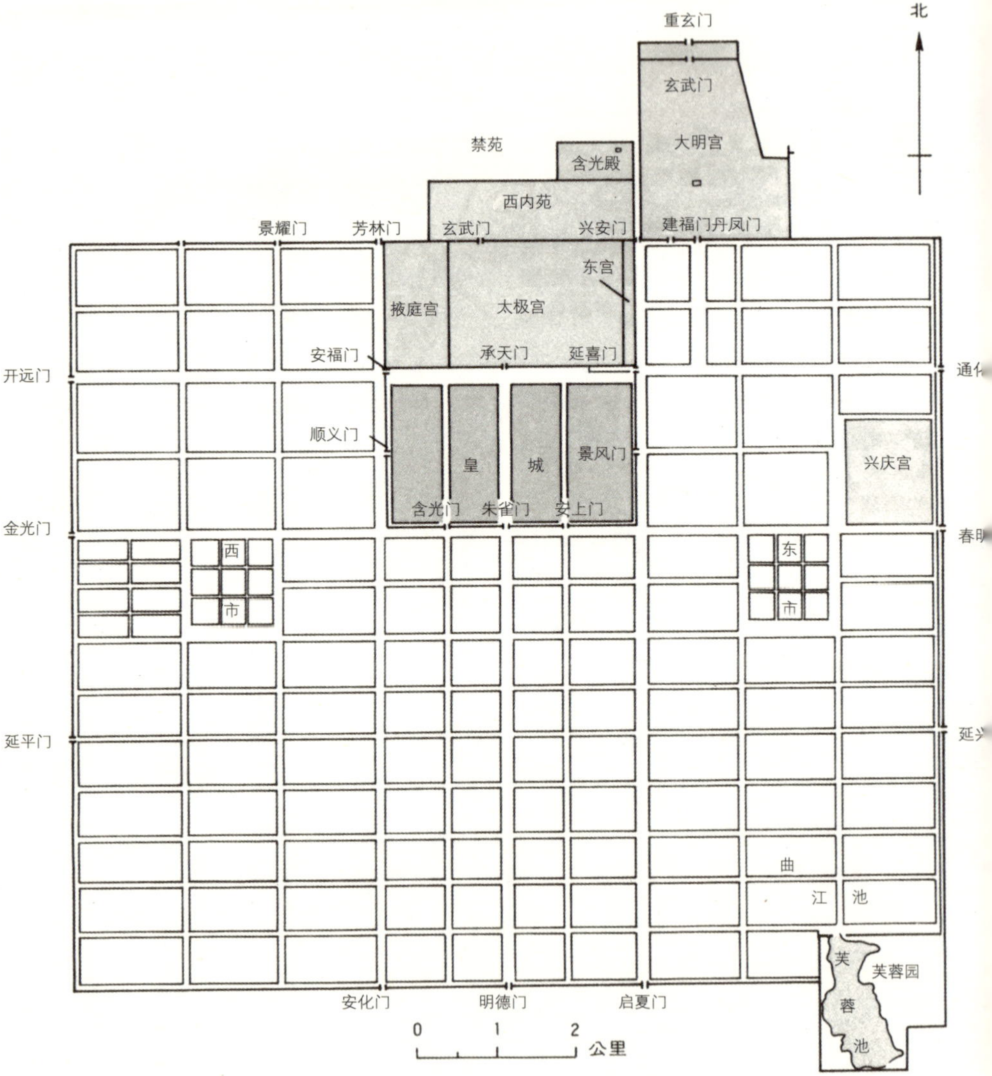

北
重玄门
玄武门
大明宫
禁苑
含光殿
西内苑
景耀门
芳林门
玄武门
兴安门
建福门
丹凤门
东宫
掖庭宫
太极宫
安福门
承天门
延喜门
开远门
通
顺义门
皇
城
景风门
兴庆宫
含光门
朱雀门
安上门
金光门
春
西
市
东
市
延平门
延
曲
江
池
芙
蓉
池
芙蓉园
安化门
明德门
启夏门
0
1
2
公里

西安城墙与城门

西安，位于关中平原中部，地理条件优越，从西周到隋唐，有许多朝代在此建都。明太祖洪武十一年(1378年)，兴建此座西安城。此城共辟四门，每座门外设箭楼，内建城楼，中围瓮城。城楼上共修建98座敌台，城的四角建有角台。明隆庆二年(1568年)，又在城外包砌一层青砖。

西安城东南城角与城壕

西安城的四角各建有一座角台，原来角台之上还建构高大的角楼，惜今均毁。东南城角的方形角台仍保持明代原貌。城墙外的水面即护城壕。

宋、辽、金的都城

宋、辽、金时期，除了营建都城开封(北宋)、临安(南宋)、中京(辽)与中都(金)等外，更兴起了不少地方城镇如扬州、平江(苏州)、成都、广州、明州(宁波)、泉州等，这些城镇也多建有城垣。

北宋东京原是唐代一座地方城镇(汴州)，朱温灭唐建梁，改汴州为开封府，以之为都。以后五代的晋、汉、周三朝也建都于此，并多次修筑城郭。文献记载东京有三重城墙，每重墙外都有护城河环绕。外城建于后周。据说周世宗柴荣因开封土质多碱，不易筑城，遂从数百里外的虎牢关(今河南省荥阳县西)取土筑城。城的转角处与城门口都用砖垒砌，而且派兵卒经常维修，以保持其坚固壮丽。城周围19公里，城基宽5丈9尺，城高4丈，女儿墙高7尺，城墙每百步设一马面，城内每二百步设一防城库，贮藏守城武器。城外有护城壕，宽达25丈，深1丈5尺。城的南面三门，另有

河南开封古城墙
及敌台

开封位于天下之中，四通八达。五代时，朱温建梁，改汴州为开封府。北宋也在此建都167年。现在的开封城则为清代重修。全城周长逾14公里，城垣基宽6.6米，顶宽5米，高8.6米，城墙以大城砖包砌。左图为西城墙，右图为南城墙。

二水门，东、北各四门，西面五门，每座城门都建有瓮城，上建城楼与敌楼。有些城门甚至有瓮城三层，屈曲开门。水门都有铁闸门，防止人、舟潜入。北宋一朝与辽、金对峙，防御北方之敌始终为要务，故东京城建筑得格外坚实，防守也甚是严密。外城的中心偏北为内城，是沿用唐代汴州城址加以修葺的。周长9公里，每面各三座门。内城之内才是宫城，周长5里，城墙用砖包砌，正南门就是华丽的宣德楼。

唐末吴越王钱镠曾以临安(杭州)为都城。北宋靖康之变，赵构(南宋高宗)以此为行在，正式定为都城。据《梦粱录》记载："诸城壁各高三丈余，横阔丈余。禁约严切，人不敢登。"定都前的旧城墙是夯土筑泥墙，日晒雨淋之下，时坍时修。为了加固城墙，增强防御，南宋时逐步在泥墙内外夹筑砖石。城郭四周开13个城门，各门又增筑半月形的瓮城，用来加强城门的防御。城门之上，均建有望楼。城墙之外，东、南、北三面挖有宽10丈的护城壕，壕岸植树木，禁止行人往来。宫城建在城南端凤凰山，这是受地形限制所致。

辽中京是辽朝五个都城之一，遗址在今内蒙古自治区宁城县境内。这座辽京城有外城、内城、宫城三重城墙。外城呈长方形，东西长约4200米，南北宽3500米，城基宽11～15米，残高4～6米。墙垣每隔100米建一敌台，敌台上建有敌楼。城门上建有城楼，还建有瓮城。内城位于外城正中偏北，东西长2000米，南北宽1500米，城垣基宽13米，残高约5米，每隔100米也建有敌楼。皇城在内城正中偏北。

金中都是金五京城之一，在今北京市的西南部，系在辽南京基础上扩建而成。东西长4900米，南北宽4500米，平面略呈方形。城的每面开三门，每面中间的一门辟有三个门洞，城外挖城壕。宫城在城内略偏西南。

北宋东京平面示意图

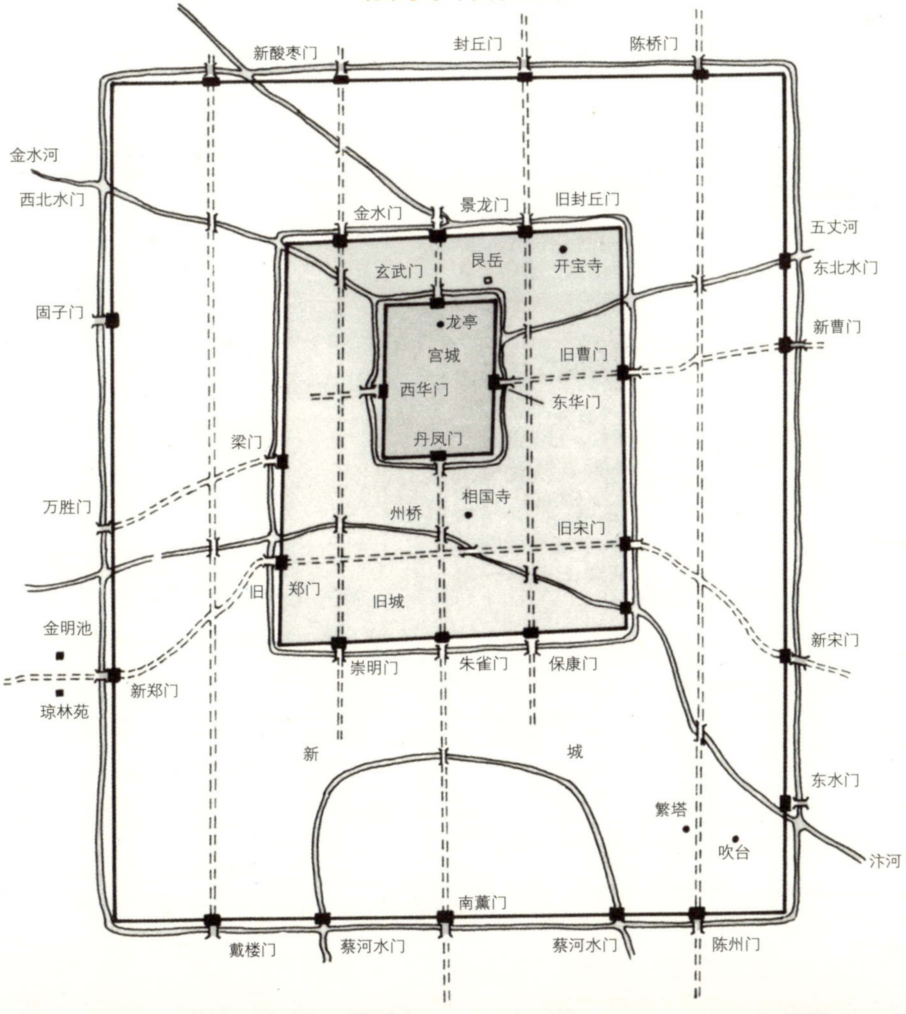

金中都与元大都平面示意图

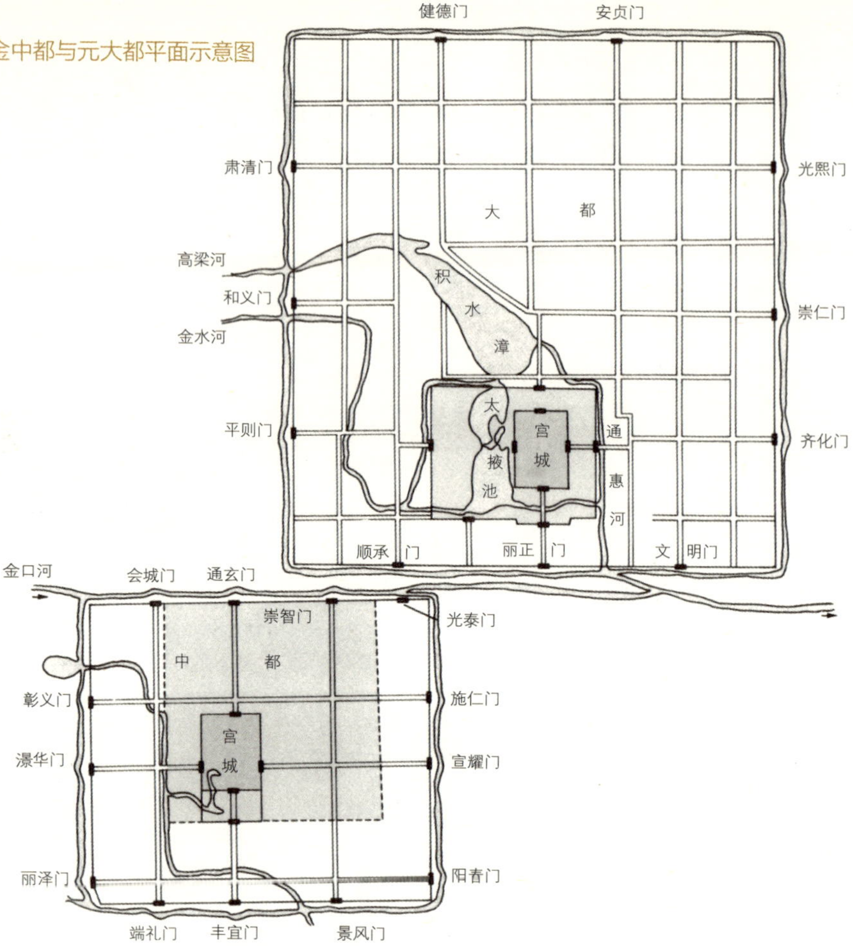

元大都与明清北京及地方城池

元世祖忽必烈夺得大汗位以后，即着手营建大都城，他委派刘秉忠负责选址、设计与营造，历时十年完成。

元大都位于金中都之东北，建有宫城、皇城、大城三重城垣。《元史》记载大都“城方六十里”。平面为一南北略长的方形，南北长7400米，东西宽6650米。城墙为夯土筑，只西城角略用砖砌。为了加固城体，还在夯土中加置“永定柱”(竖木)和“纴木”(横木)。城基宽24米。城墙顶设半圆形瓦管以利排水。为防淋雨，城表覆以芦苇编制的草席，故又称“蓑城”。大都城共有11座城门，北二，东、南、西各三。四角均建有高大的角楼，今建国门南侧古观象台即元大都东南角楼的所在地。城外挖掘有宽而深的城壕。城门皆筑瓮城，造吊闸，并有箭楼。马可·波罗在游记中形容他亲眼所见的大都："整个城区按四方形布局，如同一块棋盘。设计的精巧美观，简直非语言所能描述。"

元大都为配合城防，还建有供水、排水系统。郭守敬一方面把西山泉水引入城内，汇为湖泊，又把它导入通惠河。漕运江南物资的船只，可以逆流而上直达大都城内。今北城墙引水入城处，建有通惠祠，就是为纪念郭守敬而建。

明太祖朱元璋灭元，定都南京，营建了应天京城。"靖难之变"以后，明成祖朱棣迁都北京。永乐五年(1407年)开始筑北京城及宫殿，前后历时十多年。北京城沿前代以来的重城制，设宫城、皇城、内城、外城四重城。宫城也就是紫禁城。皇城周长18里，四向辟门，今之天安门，即明皇城南墙正中的承天门。

内城是沿旧元大都城改建而成，即将大都北垣向南迁5里，将南垣由大都南垣推展2里。内城东西长6665米，南北宽5350米，南面三门，东、北、西各二门。这九门都有瓮城，城门台上建有城楼与箭楼。城角还建角楼，在今北京站东不远可以看见原明、清内城东南角楼。这些城门及角楼，都筑有宽大的登城马道通达城顶，全城共有马

明清北京城正阳门

明成祖永乐五年（1407年）开始筑北京城及宫殿，北京城设宫城、皇城、内城、外城四重城。正阳门是明清北京城内城南垣的正门，俗称前门。现仅存城楼与箭楼。明、清时，此门是仅供皇帝出入的正门。

北京钟楼

北京钟楼建于明永乐十八年（1420年），清乾隆十年（1745年）重建。钟楼属砖石结构建筑，灰筒瓦绿琉璃瓦剪边重檐歇山顶。四向开券门，券门两旁各有一拱形窗，四周围以汉白玉石栏，总高47.9米。

道二十路。守城士卒可以由此登城，官员们也可以乘马登城，运送武器弹药的车辆也由此登上城顶。城墙每隔不远处建有城台(马面)，每座城台上建铺房一间，全城共建有城台176座。城墙外侧挖掘有城壕。城墙的河水出入处，建有大水关二座，小水关六座。

前门是内城的正门，也叫正阳门。明、清时期前门防御建筑群包括正阳门城楼、正阳门瓮城及箭楼。瓮城内宽108米，深85米，由基宽20米的城墙围成一个巨大的瓮城空场；四向各辟一门，北门即正阳门城楼下的城门，南门辟在瓮城城台中部，上建有高大的箭楼。此座门是专门供皇帝出入的御路，一般人等只能从瓮城东、西两侧的门出入。民国初年前门外东、西修建了火车站，为便利交通，改建前门，拆除了瓮城。

“土木之变”以后，明嘉靖三十二年(1553年)为加强京师防御增筑外城，原拟修一个外郭，将整个内城包围起来，但因国力不足，只修筑了南部的外城。东西长7950米，南北宽3100米。外城共七座门，南面三门，东、西各一门。于内城南墙的东、西两侧，外城还开了两座便门(东便门与西便门)。

永定门是外城的正门，位于南垣正中。城门体形较之正

北京城东直门瓮城局部图示

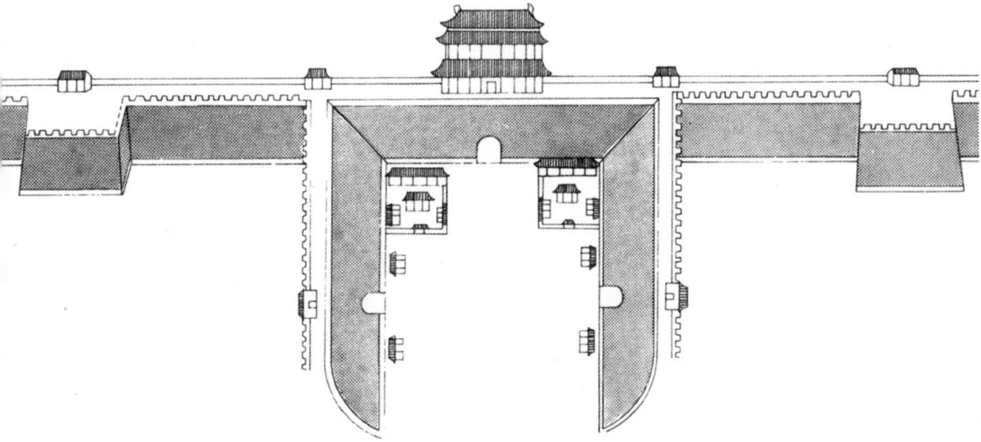

北京城东南角楼立面图

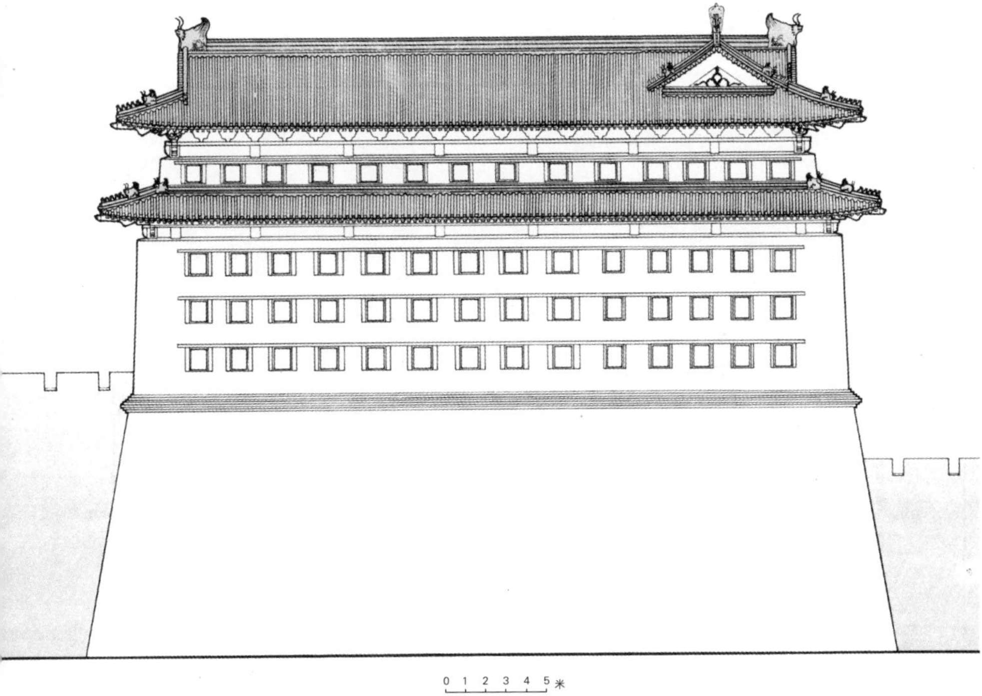

北京城安定门瓮城局部图示

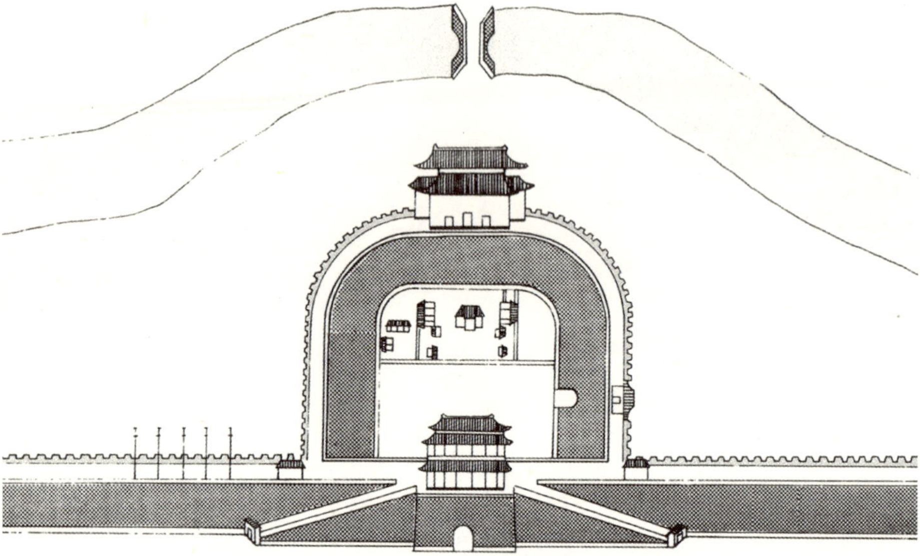

北京城东南角楼剖面图

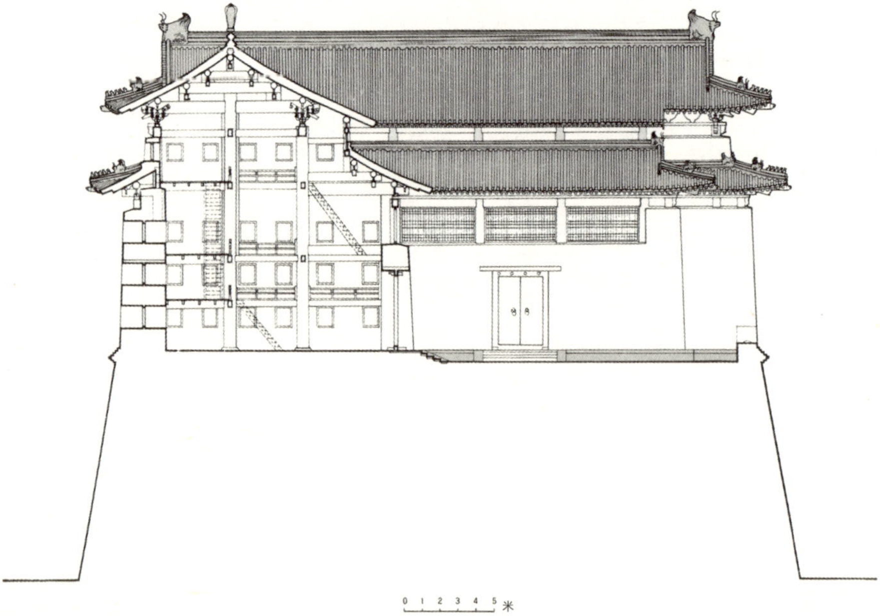

北京城正阳门改建前平面图

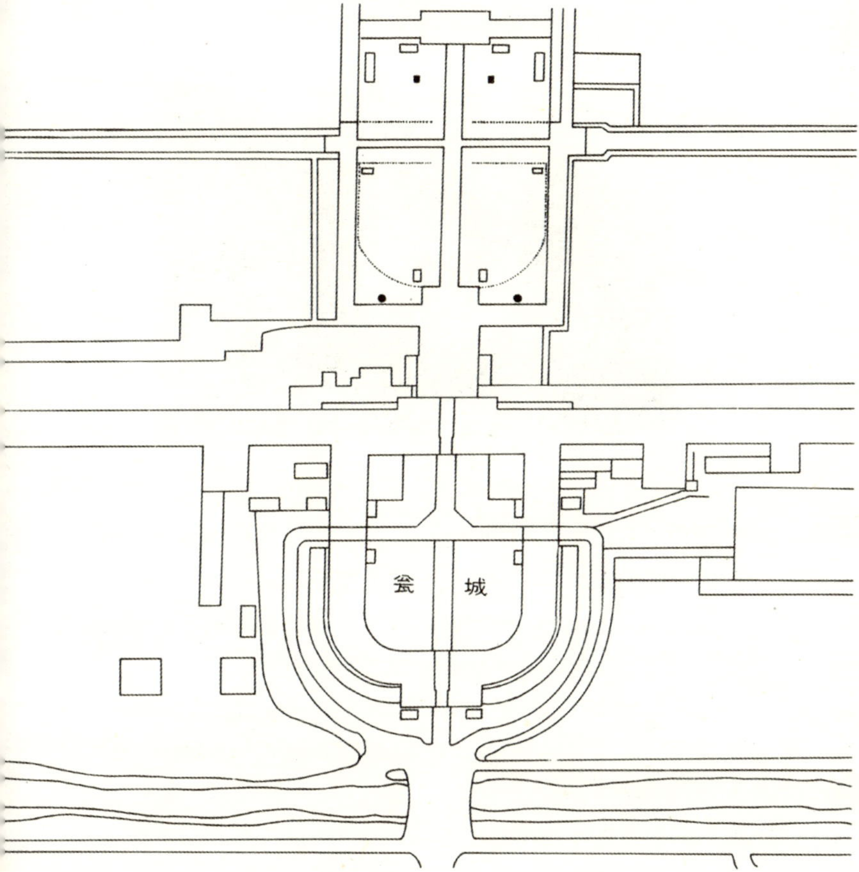

阳门为小，城台高8米，城楼高18米。箭楼体形也较小，正面宽只12米，开箭窗两层，每层七孔。瓮城宽42米，深36米，墙厚6米，箭楼城台厚9米，城门城台厚15米，这些都是出于防御的需要而加厚的。

明、清两代，除了大力构建京城以外，各地方的府、州、县也都构筑城垣。在北方平原地区，这些城垣大多方方正正，四向开门，城台建有城楼，城门外并建有瓮城、箭楼

城池形制、结构、营造与攻防

——建筑坚固险要的防御体系

南京城中华门瓮城

南京城中华门始建于五代，当时为南唐都城的正南门。明初重建，称聚宝门，1931年改称中华门。它是明南京十三门中最雄伟、战守设施最完善的城门，共有四重城垣，四道拱门，三道瓮城，各门均设有上下启动的千斤闸和双扇大门。

和闸楼。这时的城墙城体多用砖包砌。城墙顶上内侧砌女墙，外侧砌垛口，每隔一定距离筑有突出的马面。马面顶上建敌楼战棚，城外掘有城壕。南方州县城的形制，则多因地制宜，较之北方灵活多变。

古代营建城垣，举凡城的规模、城垣高低、城门的数目及道路轨涂，均需遵照礼制营造制度之规定。而城垣的总体结构除城墙外，还包括城门、瓮城、城台、城壕、翼城；在长城还包括障城、烽火台、墩堠等。就城垣墙体结构而言，主要为夯土结构、砖结构、石结构与混合结构。

形　制

中国古代是一个崇尚礼制的社会，一向是用礼来“经国家，定社稷，序人民”。对防御工程的城邑建筑也不例外，有许许多多城垣建置的严格规定，背离了这些规定，就被视为“僭越”，要受处罚。早期的《周礼·考工记·匠人》中已谈到了西周营建城垣的规定。把城邦国家建置体制与城邑建设体制统一起来，规定了严格的礼制营建制度，举凡城的规模、城垣的高低、城门的数目、道路轨涂，都有明确规

北京城德胜门箭楼

德胜门是明代北京城北垣靠西的城门，现仅存箭楼和瓮城部分城墙。箭楼的东、北、西三个临敌面辟有82孔方形箭窗。德胜门箭楼与正阳门箭楼明显不同，它的城台未设门洞和城门。

定。后世大体上也是沿革这个规范而营建，譬如三级城邑制度，一直到明、清大体上也是国都城(相当于王城)、省府城(相当于诸侯城)、州县城(相当于大夫采邑)三级制。五门三朝之制的五门，明清皇城、宫城的天安门、端门、午门、太和门、乾清门就是源于《礼记》中在王城中轴线上依次设的皋门、库门、雉门、应门、路门之制而建置的。当然不仅都城因依此制，就是较大的庙宇，也有采用五门三朝制的，如山东泰山脚下的岱庙就是如此。关于城垣的高度，《周礼·考工记·匠人》中也有明确的规定，是后世修筑城墙的参数，甚至连逆墙(女儿墙)、隅墙(城角)也都有规定。

重城制是中国古代早就采用的一种多重防御措施，从古人拟制的《考工记图》、《三礼图》中可以得知重城制由来已久。西周经营洛邑，其中之一的王城，即为重城。其制外为王城，王城之中为宫城。春秋战国时各诸侯国的都城也多为重城，不过其平面形式各不相同，齐临淄为套环形，赵邯郸为品字形，韩新郑城与燕下都为并列形。这些都是出于防御要求而建置，属于重城制的变通形式。经秦、汉、两晋、南北朝，不论是南朝的建康城，还是北朝的洛阳城，重城制更趋于定型。由隋、唐而宋，重城制演为三重城，如北宋京城汴梁即有宫城、内城(旧城)、外城(新城)三重城，而且平面比较方正。此种形制发展到明代的北京城更为完善。清入关以前建了一座盛京城(在今沈阳)，也是采取三重城建置。重城的建置主要出于多重防御的需要，这些王朝的统治者，既要防御外来入侵之敌，也要防御内部之敌，故此城制有了多重的演变。

筑城必于形胜之地，不论是都城、地方城，还是长城线上的各类城，均无例外。中国六大古都(北京、西安、洛阳、开封、南京、杭州)之一的西安，前后有十代王朝在此建都一千余年，就是因为关中地理条件形胜。汉初娄敬认为长安被山带河，四塞以为固，所谓天府之国，地势便利，犹居高屋之上建瓴水。为此他建议刘邦建都关中。洛阳自东周以来先后有六个朝代以之为都城，也是因为“河山控戴，形势甲于天下”。其他如水陆交通便利，“四通辐辏”的开封，“龙蟠虎踞”的南京，“江海故地”的杭州，也都是因为拥有天时、地利、人和的优越条件，才能成为名都。

在万里长城防线上，九镇总兵驻所都有镇城，镇以下还有路城、卫城、所城、堡城，城垣交通要冲，还有众多关口。这些城与关的选建，都择于地势险峻与军事要冲之处。蓟镇东端的山海关，就是一处“带山襟海”的要冲之地，自古为兵家所必争，关城由众多的小关城组成，北上走燕山，南下奔渤海，不愧被称为“天下第一关”。嘉峪关是明长城甘肃镇肃州卫河西走廊西头的一座关城。它北屏嘉峪山，南扼祁连山，关城居中险峻天成，自古以来就是交通西域和经略西北的要道。至于长城线上的其他关城，如有名的内、外三关等，都是建立在地势雄险之处。

都城形制的另一特点是“引水贯都”。都城离不了水源，不少都城或居大河之滨，或引水贯都。或依河以为天险，如长江之于建康。有的是为了便利漕运，如通惠渠之于北京，大运河之于临安，洛水之于洛阳，渭水之于长安。当然更重要是作为饮用水的水源，古代都城总不下几十万人、上百万人口，没有充沛的水源则无法存在下去，故引水贯都几成定制。

古人相宅(小则宅院、坟茔的选址，大则堪舆都城)，多受风水理论影响，其目的无非是为了选择一处宜于生活、居住的环境，益于日后的昌盛发展，它对都城形制的构成也产生一定的作用。古代都城或阴阳宅院，运用“背山面水”模式，多出于这种影响。另外还常借用某种形象的寓意来确定都城，譬如建业“钟山龙蟠，石城虎踞”、“金陵地形有王者都邑之气”，被孙权选择作为东吴的都城。秦始皇称咸阳“渭水贯都，以象天汉；横桥南渡，以法牵牛”，以都城咸阳象征天宇，显示他统天下为一家的寓意。汉代的长安城，以城南垣为南斗形，北垣为北斗形，被称为斗城，也无非以都城象征天宇，寓意刘汉天下“受命于天”，“国祚长久”。元代的大都城，南、东、西各辟三座门，北辟二门，据说“燕城系刘太保(刘秉忠)定制，凡十一门，作哪吒神三头、六臂、两足”。当时有诗：“大都周遭十一门，草苫土筑哪吒城，谶言若以砖石裹，长似天王衣甲兵。”当然刘秉忠是否真有这种寓意于大都城不可得知，或系他人所附会，但古人常以某种思想寓意都城的形制是常有的事。

结构

城垣作为一道防御线，它的总体结构，除了城墙本身以外，还应包括城门、瓮城、城台(马面)、城壕、翼城；在长城还要包括障城、烽火台、墩堠等。整体构成一道坚强的防御体系。

城门是进出城的通道，早期的城门是在夯土城墙缺口处，在木柱上架梁，构成平顶的城门道，其上建为城楼。一般为一至三层，视重要的程度而建。其目的是便于守望、储存武器与供守城士卒休息。南宋以后，特别是到了明代，梁架式城门道已被砖券洞所替代。城门洞装置木制扇门，木门常用铁叶包裹。为了及时封锁城门，还在城门洞装置吊闸。

黄崖关太平安寨方形敌台

太平安寨长城建于明成化二年(1466年)，长城结构复杂多样。图为太平安寨东山上的一座方形骑墙空心敌台，高13米，下层外墙与长城相连，台内下层由4个大砖柱将楼内分隔为4个拱形厅。台顶建有方形小屋，脊饰龙头，四角装望兽，造型别致。(严欣强／摄影)

有的城门还在左、右两侧筑阙形高台，它实际是两座空心城台，称护关台，中间是砖券门洞，门洞上建城楼。我们可以从《金边略记·神势图》中看到这种两台夹门的结构形式。

瓮城是围在城门外的小城，多为圆形，也有方形的。瓮城与城墙同高，侧向开门，是为了可以从城墙上与瓮城上的两个方面抵御攻打进犯之敌。瓮城顶建有箭楼，设有多层箭窗。

城台也就是马面，长城线上叫敌台。它是骑在城墙上，突出于墙外的墙台。台面与城墙顶同高，上建楼橹，供士卒停息。两城台的间距，以火力能交叉为限。这种设置是为了在敌军逼近城根时，城上守卒可以从两个侧面夹击敌人。明戚继光在任蓟镇总兵时，在他所属防线的长城上建造了一千多座空心敌台。台下筑基与城墙平，中层空豁，四面开箭窗，上层建楼橹，环以垛口，内卫士卒，下发火炮，外击敌人，使敌矢不能及，骑不敢近。

在蓟镇长城的墙垣顶上，接近敌台之处，往往建有一排排的短墙，高逾2米，名叫障墙或战墙。这种障墙之上筑有望孔与射孔，是为了阻挡已经登上城墙的敌人逼近和攻占敌楼，多排障墙便于步步抵抗上城之敌。这种障墙是蓟镇长城的特殊结构，为戚继光的创举。

在长城沿线以外，或长城防线内，一直延伸到镇城以至京师，建有许多传递军情的烽火台。史书上称为烽燧、烽堠，一般也叫烟墩。这也是古长城防御工程总体结构的主要组成部分。它是利用烽火(夜间)、烟气(白天)以传递军情的建筑物。这种传递军情的体系，远自西周以达明代一直被沿用着。明代沿九镇边界建筑了许多墩堡和烽火台，有寇盗来，日间举烟，夜里点火，传递军情，征集驻军应敌。烽火台多建于高阜处，其间距为3里，若有山冈阻隔，则不限里数，务以三烽相望，彼此能够见到传递的军情。处于边界之外的烽火台，周围还建有围墙。

有城必有池，自古城池并称。这里说的池是指护城河，或叫城壕。古代，在战场上常常临时挖掘壕沟以阻挡敌军进攻(即堑壕)，也属防御工程，但与城壕有所不同。根据考古发掘，商代早期的盘龙城，城墙之外侧有上宽下窄的城壕。以后各代都城及地方城都沿用这种形制。北宋的东京汴梁城有三重城垣，每重城垣之外都挖有护城河。明、清北京城的外城、内城，宫城的城垣之外，也都有城壕。长城因多建于崇山峻岭之中，无法挖护城河，但也于墙垣之外侧铲削山坡，或筑挡马墙；而修筑在平原之地的长城外侧，则常挖掘城壕(也称外壕)。

雉堞也叫垛口，它是城墙上靠外侧一面用砖砌筑以对抗敌人进攻的垛口，一般高约2米，上部开有望孔以望来犯之敌，下部开射孔(即射眼)用以射击敌军。据志书记载，北京“内、外两城，计垛口二万七百七十二垛，炮眼(即射孔)

榆林镇长城烽火台

榆林镇长城内外，建有众多传烽报警的烽火台，特别是内线从边境到陕西绥德之间。这些烽火台多夯土版筑而成，踞于高阜之处，连接相望，使前方边警可以迅速传抵后方。

一万二千六百有二”。修筑在城墙顶上里侧的短墙叫宇墙(女墙)，高逾1米。另外还有上下城墙及马道。起伏的长城城墙上为了便于行走，修有梯道。这也都是城墙结构不可缺少的组成部分。

翼城也叫雁翅城，是筑在主城两侧的小城，与主城互为犄角，以利彼此声援。譬如山海关关城的两侧就有两翼城。北翼城建在北上燕山的长城线上，南翼城建在南下渤海的长城线上，于海滨更有宁海城与之互相呼应。

明清北京城是中国有史以来设备最周全、构筑最坚固的城防体系。其城垣防御体系的结构包括城门、城楼、箭楼、闸楼、角楼、敌台和护城河。城门既是出入城市的交通咽喉和在战斗中出击敌人的孔道，又是受敌袭击时的薄弱环节。所以北京城采取构筑瓮城、箭楼、闸楼的方法，使城门成为能独立进行战斗的坚固支撑点。九座城门都构筑了瓮城，一般瓮城只偏开一门，且相邻者遥相对开，以便支援。例如，东直门的瓮城城门向南，朝阳门瓮城的城门则向北。正阳门的瓮城在东、西、南三面各开一门，但正南一门只供皇帝出入。瓮城上设有箭楼或闸楼，箭楼每面墙壁上下有四排射孔，可以对敌人进行大面积的射击。一般箭楼下无城门洞，只有正阳门箭楼例外，因此在正阳门箭楼的门洞中，在门前3米处增设可升降的铁闸门。在

南京城壁与护城河

明南京城是当时世界上最大的一座城池，周长34公里，南北长10公里，东西宽5公里余。城外还有一个周长60公里的外郭。南京城坚固的墙垣与外围宽广的护城河构成险要的城池防御。

一般瓮城的城门洞上都设有闸楼，敌人迫近时，从闸楼上可以一面放闸关门，一面从射孔射击。角楼是城墙四隅上的防御据点，既可供瞭望，又有射孔，可以射击。由于角楼突出城墙之外，可侧射迫近城墙下部的敌人。内城城墙上设有敌台172座，每座小台夹一座大台，敌台与城墙同高，间距在武器的射程之内(60～100米)。护城河宽约30米，深约5米，距城墙约50米，在各城门外设有石桥，石桥外设置能开关的铁栅栏，有敌情时即行关闭。

城垣的墙体结构简而言之不外夯土结构、砖结构、石结构与混合结构数种。

夯土墙是中国古代采用最早的防御工程建筑，即史书中说的“版筑墙”。以两版相夹，中置泥土，以杵夯实，逐段逐层加筑而构成墙垣。这种夯土墙要求土质黏性好，夯打匀实，否则容易颓毁。古代筑城常有因当地无好土，需到几十里，甚至百里外取土筑城的例子，如筑嘉峪城墙的土，就是从关西15公里处的黑山脚下挖运来的。黑山土黏结性很强，经过层层夯打，浑为一体，几乎看不出层缝来，筑成的墙垣不变形，不裂缝，坚固耐久，被称作“锄耰不能入”。在戈壁滩上还有一种黄土夹沙石的夯筑墙，这是为了节省人力，就地取材而筑造的，却经不起日久的风蚀，易崩塌。

土坯垒筑墙也是一种土筑墙。它是用未经焙烧的土坯垒筑而成，其坚固程度还不如夯土墙，且较费工，故较少采用。

石墙多见于长城的墙垣，大体上有石筑墙、石垛墙、劈山墙、险山墙诸种，这些墙多筑于山地。石筑墙是两边外墙面用块石筑砌，中心填以碎石、沙土，顶部以砖砌垛口。筑法是干垒，不灌灰，不抹缝。石垛墙是用石块垛成的墙。它是先砌磉墩，再于磉墩上垒筑块石，于墙顶用砖砌垛口。劈山墙是利用天然的山崖陡坡，凿成直立的竖壁而成。还有一种险山墙，是利用自然山势为基础，将其缺口处，垒砌成墙，形成一道完整长城墙，其砌法有用块石包砌的，也有用条石垒筑的。

砖筑墙在明代广为采用，不论都城、地方府城、州县城、万里长城、边防城还是海防城，多采取砖筑城墙或砖石混筑城垣。至今保存较为完好的城垣尚有明西安城、开封古城、北京西南郊的宛平城、山西的平遥城、辽宁兴城的宁远卫城等，以及蓟镇长城的若干段。

蓟镇长城多建于丛山之中，墙身基础用整齐的条石砌筑，上部用青砖垒砌，于陡峭之处墙顶砌成梯道。这种城墙梯道宽逾4米，可容五马并骑，十人并进。墙顶靠内侧一面筑宇墙，外侧筑垛口。墙体内侧，每隔不远处就开一圆形拱券门，门内有登城的阶梯，供守城士卒上下城垣之用。

在玉门关和阳关以西的汉长城墙体，大多是用红柳、芦苇夹沙砾修筑。这是因为在戈壁滩上既无石块又无黏土，只有流沙、砾石以及水泊中的芦苇和红柳，就地取材只能用这些材料筑城。从现存的这种城体结构看，虽经过两千多年的风霜雨雪，砾沙与柳苇仍坚固地黏结在一起，不少地段城体屹立，达数米高。

在明长城东端的辽东镇与西端的兰州镇，还有一种木栅墙。这是一种用柞木编制的木栅墙，和用木板做的木板墙，属于另一种长城墙体结构。

营造

筑城是中国古代王朝的一项重要事情，它既是自卫，也

以卫民。《诗经》在《小雅》、《大雅》中都讲到筑城的事。历史上可以说没有一代王朝不在筑城上花费巨大的人力物力。有些朝代确实因此而巩固江山(如汉代、明代)；但有些朝代，却因此而丢掉了江山(如秦始皇、隋炀帝)。

古代筑城建都首先讲究相宅(相地)。周初营建洛邑就是先派召公奭去洛阳看地形，而后周公又亲自去视察，史称“周公相宅”。即因天之时、地之利、人之和，作为都城营建的原则。至于纯防御性的城池(长城)更是自秦始皇开始就确定了“因地形，用险制塞”的原则，它被历代采用，一直沿袭到明朝。我们可以从明代构筑的长城线上看到许多因势制塞的佳例，如山海关、黄崖关、古北口、居庸关、雁门关、偏头关、娘子关、嘉峪关等。

修筑城垣的另一项原则是就地取材。修城总离不开动用大量的土石、砖、灰。这一切的采制运输均要花费大批劳动，故就地取材就成为不可或缺的原则。虽然历史上也有远程取土筑城的例子，但总归不可能大量采用。于是古代的营造者创造出令人难以想像的做法，并取得惊人的效果，如戈壁滩上的红柳、芦苇、砾沙墙。还有蓟镇长城的劈山墙、险山墙，都是因险构筑，就地制塞的杰作。

城垣的营造是一项艰巨工程。夯土筑墙要备好夹版、立柱、夯杵、脚手架等筑城器具。然后选土，筛出杂质才可用

古北口长城

古北口长城雄扼山海关与居庸关之间，是蒙古高原进入华北平原的三大孔道之一。明代在此设古北口路，由参将统辖全路15关口及防线内的长城。登上险要的古北口长城，但见燕山群峰之巅，长城起伏蜿蜒若游龙，敌楼、墩台星布，长城内外烽火相望，为长城因势制塞的佳例。(严欣强 / 摄影)

天梯

位于司马台长城防线西边的一个落差40米的山崖，攀缘在七八十度陡峭岩脊上的长城，真如同登天的天梯。墙的主体建在刀削般的峰巅之上，在单边绝险城墙上，还要修筑梯道、垛口、掩体、射孔，其工程之艰巨可想而知。(严欣强／摄影)

以筑城。要一层层、一段段夯打坚实。为了防硷，还要在夯筑时于墙体下层每隔一定距离铺一层纵横交错的芦苇，以防止地下碱随水分渗入城墙而损害墙体。石墙要采石、选石、凿成长方形条石。筑砌要顺势(顺山势)找平，城基虽有起伏，但筑砌成的条石，一定要水平平行，否则会因条石受力不匀而断裂，使城体塌陷。

筑城墙要打好基础，先砌两帮，然后层层上砌，层层填厢，直至结顶。墙顶一般要平铺数层砖，用石灰筑缝，使野草杂树无法扎根生长，以保墙体不坏。在起伏延伸的城墙上，当坡度不大时，可以砌筑斜坡，而当坡度超过45°时，就要砌成梯道形。在长城上这种梯道不少，其做法是先砌高约1～3米的大梯，然后在大梯之内再砌筑小梯(正常踏步)。

在新疆罗布泊与玉门关一带的柳苇夹沙砾墙，筑造更为困难，先在地基上铺一层5厘米厚的芦苇或红柳枝条，上面铺一层20厘米厚的沙砾，如此交替铺筑至五六米，芦苇和砾沙各要铺筑20层左右。

古代君王对筑城质量要求苛刻，据《太平御览》所引《晋载记》：“赫连勃勃，以叱于呵利领匠作大匠，乃蒸土筑城。以锥刺之，锥入一寸，杀做者，不入即杀行锥者。”修筑其他城垣也有类似例子，用箭射新修筑的城墙，不入谓之佳，射入谓之劣，颓而重修。

备料与运输是营城的要务，取土、采石、选木、烧砖、烧石灰，并将这些材料运至砌筑现场要花费巨大的劳力。从现存的记工碑文中，可以得知挖土、采石、烧砖、烧石灰都有专职官员和石场、窑厂负责采办、烧制。

古代搬运筑城材料最原始的方法是人背、肩扛、担挑、杠抬来运输大量的城砖、土石、石灰。在人多务急时也采取排队传递的办法。《析津志》记载：“金朝筑燕城(即中都)，用涿州土，人置一筐，左右手排立定，自涿至燕传递，空筐出，实筐入，人止土一畚。”这种办法的好处是可以减少挑运人往返跑路的时间，特别是在路径狭窄或向山上运料，可免除彼此干扰、碰撞，利于提高运输效率。在平川之地也常用手推车推运土石砖木。若是向山头运送大块砖石或木材则常使用滚木撬杠或用绞盘。跨谷运输则用“飞筐走索”的办法。畜力车运土、石也是常用的办法之一，多用于平原筑城。若是山坡、山脊筑城，就只得采用驱赶山羊、毛驴驮运砖、灰上山。

筑城与运输筑城土石需要大量的劳力，历代王朝为筑城常要征发大批劳役。史书记载秦始皇筑长城征役力50万人，汉惠帝两次征发京兆、冯翊、扶风三郡男女逾14 万筑长安城。另外北魏、北齐、隋、金、明也都曾使用几十万或上百万的劳力筑城。这些劳役，一种是力役，即征调的民夫，一种是军卒，还有一种是刑徒。自古以来筑城就是一种艰苦的力役，使民众蒙受无尽的苦难。金代营建中都，几乎动员了全国的人力物力。据记载动用民夫、工匠、士卒达120万人之多，加以工程浩大，时间紧迫，官吏暴虐，暑月工役多疾，死者不可胜计。

攻 防

古代战守主要为野战与攻城之战。野战常决定一次战争的胜败，而攻城之战的胜败有时则决定一个国家的存亡。五代时，后唐庄宗李存勖乘虚袭击后梁京城汴，城破而梁亡。宋、金之际，金兵南下，破宋“六甲神兵”，陷汴京，掳

八达岭长城梯道

八达岭距北京七十多公里，长城城墙下部用条石，上部用大型城砖砌筑，内填泥土和石块。城墙顶部路面用方砖铺砌，嵌缝严实。地势陡峭处砌成梯道，便于守城士卒在城上巡逻及迎敌。

徽、钦二帝，而北宋亡。明末宁远卫城守卫战中，袁崇焕以孤城与较少的兵力，打退努尔哈赤后金勇猛大军的进攻，主要是凭借坚固的宁远城，使自称“战无不胜，攻无不克”的努尔哈赤受挫于城下，以致受伤，懑恚而死。这些城池的一存一破，决定战争的一胜一败，甚至一国的存亡。由此可见城池的防守与攻取是多么重要。同时坚固的城池，高大的墙垣，固若金汤，也常使敌方望而却步。春秋时，齐桓公纠合鲁、宋、陈、卫、郑、曹、许八国诸侯之大军伐楚，因看到楚国方城为城，汉水为池，城防坚固，被迫收军退兵。其后晋国伐楚，军至方城，自知不能攻克，不敢直取，不得不迂回撤回晋国。金、元之际，蒙古骑兵攻居庸关，已至关下，见金兵恃重关险隘，把守严密，又在关内外广布鹿角木、铁蒺藜，元军难以强攻，故不得不绕道紫荆关，从背后直驱中都进袭。

守城除了凭靠坚固的城垣以外，还要有防守的器械，以阻滞敌方攻城，如布置在城池四周、敌方进军通路或壕堑里的鹿角木、铁蒺藜、地涩、挡蹄、金椎板这些障碍器具，可以用绳索串联，收取敷设方便，而且制作容易，可以铁铸，也可以用竹木制成。它可以刺伤敌兵与敌军马匹，以迟滞与阻挠敌军进攻。

拒马是另一种木制障碍物。它是以圆木为干，上凿孔安装以削尖的横木数根，设置在城门、路口，以阻绝敌方人马前进。

挡蹄是在木制方柜里外钉逆须铁钉，并在铁钉尖部涂以毒药，通常都是敷设在陷坑内，上施伪装，敌军人马陷入，可被刺致毒身死。地涩和金椎板，都是在木板上装置逆须铁钉，使用方法与挡蹄大同小异。

滚木、礌石是置于城上的圆木和石块，用以撞击攀缘登城的敌军士卒。而当敌人已破坏了城门、城墙时，为了及时堵住缺口，古人还制作了一种堵塞器械“塞门刀车”，可以迅速推向被敌方破坏的城墙缺口，阻挡敌军进攻。

为了及早发现敌方挖掘地道攻城，古人采用“地听”以监听敌方行动。这种侦察器早在战国时已被用于战争中。据《墨子·备穴》记载：为了及早发觉敌方挖地道攻城，于城内深井中放置一口特制的薄缸，缸口蒙以薄牛皮，使善听者伏缸上，监听地下动静，可以发现敌人在哪个方向挖地道。

为防备敌人攀缘登城、爬城破坏城墙，古人置备有撞车、叉竿、飞钩。撞车是一种撞击云梯的工具。在车架上系一根撞杆，杆端头包以铁页，当敌人云梯靠近城墙时，可推动撞杆将云梯撞毁或撞倒。

叉竿也是一种防止敌人爬城的器具，当敌人以飞梯爬城时，可用叉竿杀伤爬城之敌，或将飞梯推倒，阻止敌人攀登城垣。

山西平遥城城垣堞楼

平遥城位于晋中盆地，为古代驿道要站。城墙高三丈二，宽一丈五，墙体全部用大型城砖包砌。城垣建有敌台72座，台顶筑堞楼(楼橹)，以供守城士卒休息之用，也可用以储存武器。

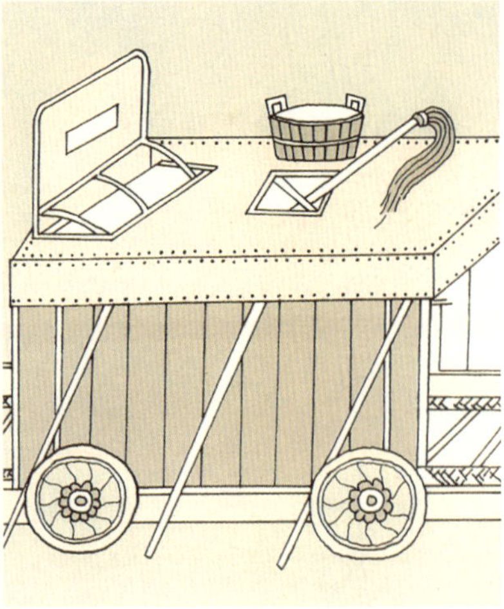

塞门刀车 / 左

守城的堵塞器械，用于敌方破坏城门、城墙时，迅速推向缺口，及时阻挡敌军进攻。这种车以木为架，前方装多排多行刀，旁施两轮，由人挽辕前推。

头车 / 右

头车是掩护和挖掘城墙的器具，又称绪头车，车长1丈，宽7尺，车顶开天窗，窗前设屏风笆，笆中开箭孔。车身两侧挂有垂笆涂以泥浆，以防火焚。

为了下城，有一种下城绞车，它可以将人从城上送到城下。

攻城器械是为攻破城池的战争器械，古人很讲究制备战守之器，《六韬》中说："凡三军有大事，莫不习器械，若攻围城邑，则有辒辒、临冲；视城中，则有云梯、飞楼……；越沟堑，则有飞桥、转关、辘轳、鉏铻。"攻城前古人常用望楼侦察城中地形与战备情况。其楼高8丈，以坚木为柱，上施板屋，望子攀柱登楼，以察城中敌情。

为了跨越城壕，接近城墙，古人制造了渡沟堑的飞桥，宽1丈5尺，长2丈以上，装转关辘轳八具，用长绳架设，有直铺式的，也有折叠式的。

登城的云梯，据说是战国时公输般所发明，是一种专用的登城战具，有直梯式与折叠式。为防止敌方的武器杀伤，还将梯的下部构为车厢，以护卫登城军卒接近城墙。

枪车也是一种进攻性器械，它可以掩护军卒冲向城垣。

为了攻入城内，除登城强攻以外，古人常用掘城墙穿穴入城的办法。掩护与挖掘城墙的器具也是多种多样，最常见的是辒辒车。这种挖掘城墙的器械下施四轮，车上设有三角形坡式屋顶，外蒙兽皮，并涂以泥浆，以防矢石与火烧，车内可容十人。使用时将车推至城下，兵卒即可在其掩护之下挖城墙。到了宋代，又将头车、绪

绪棚

绪棚与头车、找车串联使用。绪棚车顶为蓋笆，不开窗，两侧为垂笆。图中右侧即为找车，以绞绳绞动绪棚进退，以使绪棚内的排沙柱将挖掘的土运出。

棚、找车，串联组合使用挖掘城墙。头车也叫绪头车，身长1丈，宽7尺，前高7尺，后高8尺。车顶开天窗孔，窗前设有屏风笆，笆中开箭孔，供观察与射击用。车身两侧挂有垂笆，涂以泥浆，以防火焚。绪棚接在头车后，因架木为棚，故曰绪棚，其形制类同头车，只是顶不开窗。绪棚之后于敌方矢不能及的地方，设找车，以绳与绪棚相连，可以绞动绪棚前进后退。挖城时将组连的头车、绪棚推至城下，使头车与城墙密接，军卒即可以在头车掩护下挖掘城墙。绪棚在头车与找车之间用绞绳使其进退移动，将挖掘的土运出。

到了北宋，结束了攻战中单纯使用冷兵器的时代，首先出现的是火炮(飞火)和火箭。火炮是将火药绑扎在箭上，点燃后用弓弩射出。北宋末年李纲击退金兵时，更进一步使用霹雳炮(震天雷)。至南宋又出现以竹筒做枪筒的“管形火器”，更增加火炮的射程与准确性。

火器至明代更为广泛使用，出现了枪和炮等管形武器。例如火箭、火炮、飞炬、地雷连炮、火药、鞭箭、火枪、五雷神机、地雷、铜发贡等，火器名目繁多。以后，又有西方的佛郎机传入中国。这是葡萄牙人带来的一种远射程火炮。《明史》中叙述佛郎机为铜铸品，长5～6尺，大者千余斤，巨腹长颈，以火药发射，射程可达百余丈，明嘉靖年间曾按

式仿造多门，号称“大将军”。火药的出现使战守出现新的变化，火器的射程远，破坏性大。不过即使是在此时，城的防御作用仍然是十分重要的，故整个明代，筑城始终是防御要务，而城防则更是军务之要。

一提到长城，人们总是称之为“万里长城”，其实长城何止万里。据史书记载和考查，从周代至明，前后有许多朝代和诸侯国修筑过长城，总长不下十万里。它东起辽宁的鸭绿江畔，跨越中国整个北方，西抵天山脚下，遍布新疆、甘肃、宁夏、陕西、内蒙古、山西、河北、北京、天津、辽宁以及吉林、黑龙江、河南、山东、湖北等十多个省、市与自治区。

长城是中国历史上一项极为伟大的军事工程，它是一个绵延广袤、纵深布列的防御体系。如今，虽然已是“但留雄关存旧迹”，可是在历史上确实曾经产生过重要作用。在此，让我们展读历史的书卷，来一览长城的兴建与演变。

长城的历史

公元前9世纪周宣王时，为防御北方猃狁的袭扰，在北方边境修筑过许多列城和烽火台。中国最早的诗集《诗经》中有在朔方修筑小城的记载。当时这些小城之间并无墙垣连接，大多是用以传递军情和屏卫入侵的防御性城堡。从司马

迁《史记》里记载的“周幽王烽火戏诸侯”史实，也可以得知这些列城和烽火台的军事防御作用是多么重要。

春秋、战国时期，各诸侯因为互相防御，在各自的边境线上由修筑列城、烽火台，进而发展为用墙垣把列城联系起来，构筑成军事防御工程体系。此即修筑长城之始。

最早修筑长城的是楚国，《左传》、《国语》、《战国策》都有记载。大约是由汉水之北的河南邓县起而北上再沿伏牛山而东，至叶县而南行至泌阳，形成一个长数百公里的方形城垣，构成楚国北方的边关，所谓“门于方城”。这是楚国利用南阳(古称宛)周围的地理形势筑成的一条边城，不过至今尚未找到它的确切遗址。

齐国也是修筑长城较早的诸侯国之一，约在公元前5世纪，“齐宣王乘山岭之上，筑长城东至海，西至济洲，千有余里”。对此史书多有记载，可知齐长城筑构前后达数代，大体上西起平阳而东，蜿蜒抵于海滨，长达千里，齐长城大部分依山势构筑，多用石块垒筑，故今尚留有不少遗迹。

魏国自惠王起前后修筑了两条长城：一条是南起华山，沿黄河西岸北上曲折延伸，至绥德(今陕西省绥德)北。这是防秦的河西长城。另又修建一条长约300公里的河南长城，即起自荥阳经阳武抵黄河的卷之长城。

赵国筑长城始自赵肃侯。这条长城约在今河北省临漳、

八达岭长城

八达岭长城是明万里长城中保存最完整和有代表性的一段。八达岭位于居庸关北口，与南口遥对，为居庸关的北向门户，居高临下。形势险要，古人称“居庸之险不在关，而在八达岭”。岭口的北口关城东、西各设一门，东门额题“居庸外镇”，西门额题“北门锁钥”。此处层峦叠嶂，山势巍峨，海拔一千多公尺，雄伟的长城墙体，从关城南北两侧依山势上筑，蜿蜒起伏，如苍龙凌空飞舞，十分壮观。现已全部修整一新，供旅客游览。

磁县一带的漳滏流域，西起太行山下，东止漳水滨，长约200公里，是为赵南界长城。《史记·赵世家》指的“属阻漳、滏之险，立长城”，当即指此，赵肃侯还筑了一条赵北界长城，东起于代，向西南延伸过云中、雁门，而达神池。其后，赵武灵王更“筑长城，自代并阴山下，至高阙为塞”。

燕国也筑有南北两道长城。燕南界长城首起易县之太行山下，东行经易县入河北徐水、新安，抵文安，长约250公里。史书记载张仪游说燕昭王，即已提到这条长城，可见燕南界长城当筑于燕昭王以前。燕北界长城是燕将秦开修筑的拒胡长城，西起造阳(今河北省宣化)，东北行经围场之北，东行过辽西，达辽东的襄平(今辽宁省辽阳)，全长逾1000公里。

秦国在统一全国以前，秦昭王时也修筑过“陇西、北地、上郡长城以拒胡”。这条长城西起甘肃岷县，北行经临洮达皋兰，再东行越陇山，入固原境，复东行而东北入延安、绥德境，抵于黄河西岸。

秦始皇统一六国以后的第五年(公元前217年)，“命蒙恬将兵三十万众，北击匈奴，略取河南地”(即今之河套)，“筑长城，因地形，用险制塞，起临洮，至辽东，延袤万余里”。秦始皇修筑的长城是把战国时秦、燕、赵三国北方的长城连接起来，并加以增筑、扩建构成一个西起临洮，东达辽东，逶迤万里的北方边城，以防扼匈奴的南下。这条防御线的西北段，西起临洮，东至九原；北段，西起云中，东至代郡。崔豹在《古今注》中所称：“秦筑长城，土色皆紫，称为紫塞”，即指这段长城。东北段，起自代郡，因燕北界之长城东达辽阳之东。

秦长城横亘在中国北边，工程巨大。蒙恬自始皇30年伐匈奴，至赐死，前后共9年，曾大量使用戍卒，征发役夫，役使刑徒，因而死于长城之役者不计其数。司马迁在《史记·蒙恬传》里感慨地说：“吾适北边，自直道归。行观蒙恬所为秦筑长城亭障，堑山堙谷，通直道，固轻百姓力矣。”民歌言：“生男慎勿举，生女哺用脯，不见长城下，

尸骸相撑柱。”秦不速亡，何待！

秦末楚汉相争，匈奴冒顿乘势大举南侵，兵临太原，占领河南地(今河套)，汉高祖刘邦在平城(今大同)被围困七日才得脱险。自此至景帝末约半个世纪，无力固守北部边疆，不得已乃采用和亲政策。虽然如此，仍是边警频传，烽火数达长安。到了汉武帝刘彻即位以后，国力富强，才转为采取对匈奴进攻的方略。前后数次派兵进攻匈奴，大破其兵，使之远遁。继之，则是几次大规模地修筑长城。

汉武帝第一次修筑长城是元朔年间(公元前128～前124年)把匈奴逐出河南地以后，复缮秦蒙恬所筑的边塞，因河为固。

第二次是元狩年间(公元前122～前117年)新修河西走廊长城。这是在霍去病将匈奴逐出陇西以后，开始筑令居(今永登)以西长城西至酒泉，以保护河西走廊的安全。

第三次是元狩、元鼎年间(公元前122～前111年) 修筑酒泉以西至玉门之间长城亭障。《后汉书·西羌传》说：“初开河西，列置四郡，通道玉门，隔绝羌胡，使南北不得交关，于是障塞亭燧出长城数千里。”

第四次是太初年间(公元前104～前101年)修筑居延塞，即修筑自酒泉沿弱水北上，至居延海(今内蒙古自治区戛顺诺尔)的长城亭障。

第五次是天汉年间(公元前100～前97年)修筑敦煌至盐泽(今罗布泊)间长城亭障。其目的也是为了防御匈奴，保护通往西域的交通要道。

西汉再一次大规模修长城是汉昭帝与汉宣帝年间(公元

阳关遗址烽火台

西汉为防御匈奴，保护通往西域的交通要道，曾多次大规模修筑长城亭障，构成烽火相望的防御体系。阳关遗址在敦煌以西70公里处，因早年在此发现不少汉代文物，故泛称为“古董滩”。这里曾经是古丝绸之路西出的必经通道，如今关城早已被黄沙淹没得无迹可寻，只墩墩山上的一座蜂火台尚屹立在山头，作为两千多年来历史的见证者。

黄崖关太平安寨长城

黄崖关长城早建于南北朝时的北齐，明永乐、成化年间修筑关塞，嘉靖时筑土石成墙，隆庆年间又加建敌台，至万历朝才全部用砖包砌城墙，现在的城墙为近年在原址上所重修。太平安寨是黄崖关长城上一个重要隘口，其长城结构复杂多样，因山势不同而异。

（严欣强 / 摄影）

前86～前49年)修筑盐泽以西的亭障。这段亭障似在保护交通，传递军情，只起亭燧，不筑塞垣。

此外，武帝太初年间(公元前104～前101年)还构筑东起高阙(沿阴山)西至居延的塞外亭障，驻军防守，以遮匈奴南下之路。

终西汉一代，长城、亭障、列城、烽燧西起新疆，东至辽东，构筑为一个城堡连属，烽火相望的防御工程体系，使匈奴不敢南下，对保障中原地区的生产、生活安全产生重大作用。《汉书·匈奴传》说："是时，汉边郡烽火候望严明，匈奴为边寇者少利。"匈奴远遁，漠南不再有王庭。如今，散布在中国新疆、甘肃、宁夏、内蒙古、河北、山西、陕西数省区的长城、亭障、烽堠、列城遗址还随处可见。

公元5世纪，鲜卑族拓跋部建立的北魏王朝统一中国北方黄河流域，为了抵御另外两个游牧民族契丹和柔然的侵扰，也采用秦、汉防匈奴的办法修筑长城。

史书记载，北魏太宗泰常八年(423年) "筑长城于长川之南，起自赤城，西至五原，延袤二千余里，备设戍卫"。太平真君七年(446年)为了保卫首都平城(今山西省大同)的安全，又筑"畿上塞围，起上谷，西至于河，广袤千里"。

公元534年，北魏分裂为东魏与西魏。东魏迁都邺以后，为了防御西魏和柔然族的进攻，于公元534年修筑北起肆州北山，东至土墱(今山西省崞县)的一段长城。不过由于国力不继，只修了40天。

北齐代东魏，继续修筑长城以防突厥、柔然、契丹等游牧民族的侵略。据《北史》记载由北齐文宣帝天保三年(552年)至武成帝河清二年(563年)，11年间，先后数次修筑长城，由首都平城西北起东至于海(今山海关)，长数千余里，这个小朝廷为了修筑长城，有时征发民力竟达180万人，堑山筑城，断谷起障，工程浩大。

北周代西魏，又灭北齐，为防突厥与契丹族的入侵，也曾修筑自雁门至碣石的长城。不过不久政权就被隋文帝杨坚所取代，长城之役也就停辍了。

隋朝统一中国，结束东晋以来将近三百年的分裂局面。为了防御北方突厥、契丹、吐谷浑等游牧民族的南侵，曾前后七次修筑长城，有时征调的民夫达100万之多，不过隋代大多是在原有城塞基础上缮修，没有较大规模的新筑。

唐到宋、辽，由于中国版图形势的变化，使长城已失掉先前的意义。唐代大破突厥以后，版图远辖大漠，长城已失去边墙的作用。两宋与北方的辽、金对峙，长城已非其险阻，更不必修筑长城。辽代虽经营过今黑龙江省内鸭子河与混同江间的一段长城，但规模较小。

金灭辽与北宋，统辖了中国北方广大地域，为防御西邻

山海关城楼及城台上的明代古炮

山海关位于明代蓟镇长城东端，东接辽东镇长城。长城从关城的东墙向南北延伸，北上燕山，南下渤海，构筑成“京畿锁钥”、“辽冀咽喉”。古人誉之为“万里长城第一关”。关城为土筑，外包青砖，高14米，略近方形。东门城楼为两层，面阔3间，高13米，单檐歇山顶，东、南、北三面采箭楼形式，共有68孔箭窗。

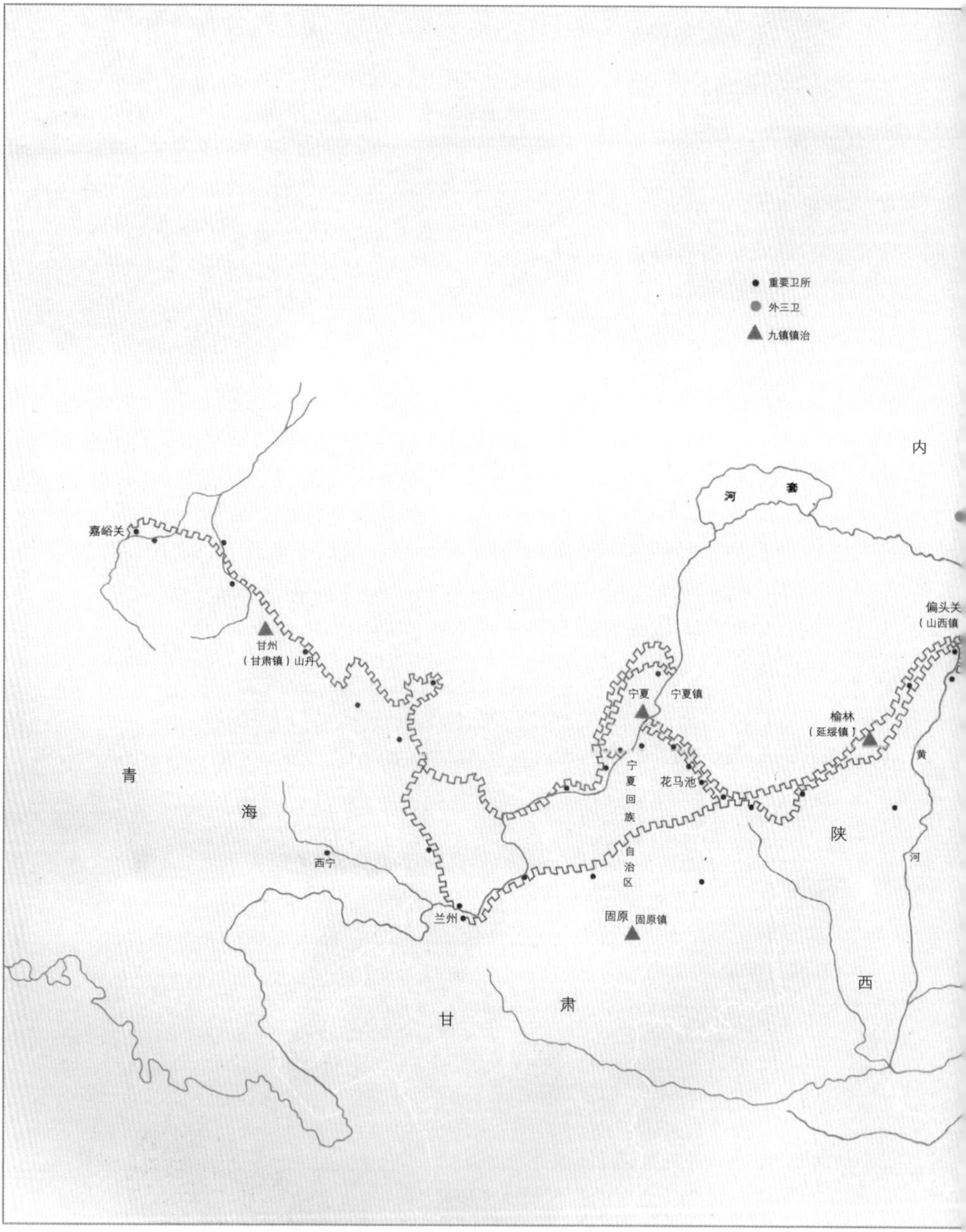

重要卫所
外三卫
九镇镇治
内
河套
嘉峪关
甘州
（甘肃镇）山丹
宁夏
宁夏镇
榆林
（延绥镇）
偏头关
（山西镇
花马池
宁夏回族自治区
青海
西宁
兰州
固原
固原镇
甘肃
陕西
黄河

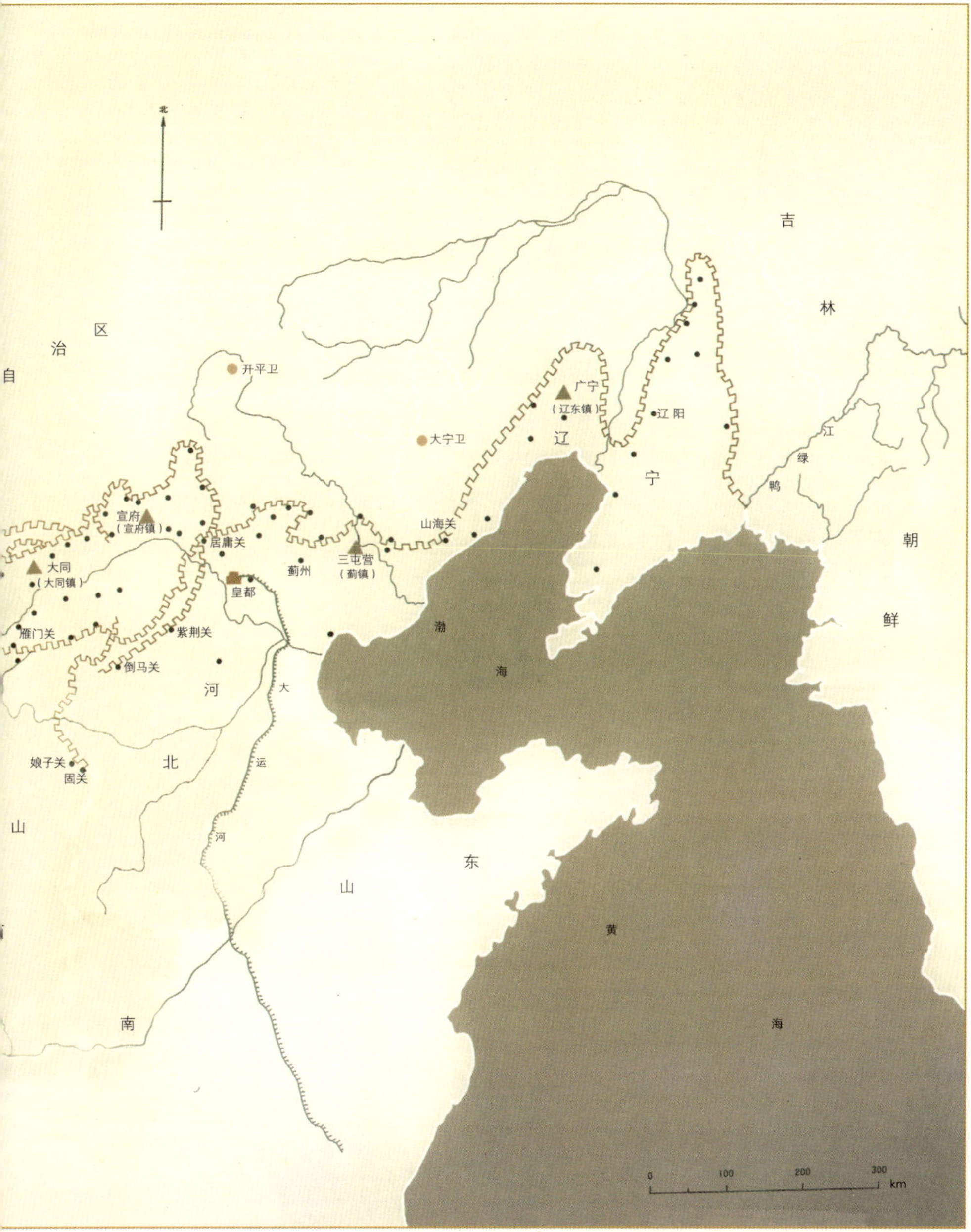
北
自
治
区
开平卫
大宁卫
广宁
（辽东镇）
辽阳
辽
宁
吉
林
江
绿
鸭
朝
鲜
宣府
（宣府镇）
居庸关
大同
（大同镇）
皇都
蓟州
三屯营
（蓟镇）
山海关
雁门关
紫荆关
倒马关
河
北
娘子关
固关
山
西
大
运
河
山
东
南
渤
海
黄
海
0
100
200
300
km

明代长城路线图示

崛起的蒙古族，曾经大规模地修筑界壕与边堡。

金界壕有南、北两条，北界壕，又叫兀术长城或金源边堡，在今中国内蒙古自治区东北与蒙古共和国东部，以及贝加尔一线，长约1000里，一般称它为明昌旧城。

金南界壕，也叫明昌新城，是金内长城、金壕堑。它延伸布列在大兴安岭东麓，向西经黑龙江、内蒙古，而止于黄河北岸的大青山，长达三千多里。这条界壕的主体不是墙垣，而是一条西南东北走向的深壕沟，掘挖壕沟的土就叠置在土壕沟的内侧，形同土墙。以此壕堑与土墙阻挡蒙古族的骑兵。

明代是中国历史上继秦、汉大规模修筑长城的另一个朝代。明太祖朱元璋灭了元朝，将其残余势力逐出长城以北。但残元势力仍不断南下侵扰，构成明王朝的北方威胁。明中叶以后，女真族兴起，特别是后来建州女真的努尔哈赤又构成明朝东北疆的威胁，故有明一代二百多年间，始终把营筑北方边墙视为防务的主要任务。

洪武元年，朱元璋派大将军徐达修筑居庸关等处长城关隘。明成祖朱棣从侄儿手中夺取政权以后，把都城由南京迁到北京，目的也在于重视北方防务。京城东、北、西三面的山海关、居庸关、雁门关沿线修筑了多重城墙(最多的地方达二十多重)。并在边城内外，建立众多的堡城、烟墩，用以瞭望敌况，传递军情。仅正德年间(1506～1521年)的15年中就在宣府、大同防线上修筑烽堠三千多所。隆庆二年(1568年)以后戚继光任蓟镇总兵时，又在居庸关至山海关长城线上修筑墩台一千多座。如此众多的烽堠、墩台与长城两侧纵深的许多城防、关隘、都司、卫所等防御工程和军事机构共同构成一道城堡相连、烽火相望的万里防线。这条防线东起鸭绿江，西抵嘉峪关，绵亘万里，分地守卫，此即明长城防务的九边重镇。

九边重镇

明代的长城防线，主要目的是“拒胡”。因为被推翻的元朝统治集团之残余势力仍然不小。他们退至中国的西北

(蒙古)、东北(黑龙江流域)作顽强的反抗。为了发挥长城这条防御工程体系的“拒胡”作用，朝廷将长城防御线划分为九个防区，称九边。每边设有镇守总兵官、协守，负责指挥军事、修筑城垣、管理屯田等事务。边下又分路、卫、所、堡、台各级守备机构。这个军事指挥机构与长城这条防御工程两相统一。镇守总兵官驻镇城，辖一边，由朝廷委派大员充任。各镇总兵力都在十万人上下。这些兵力分别驻守在镇城、路城、卫城、所城及堡城，除了守备防务外，还有修筑长城、传递军情和屯田储粮等项任务。

到了明嘉靖年间，为了加强京城(北京)和帝陵(今明十三陵)的防务，又设置了昌镇和真保镇，故又称为九边十一镇。

1. 辽东镇

辽东镇辖区东起鸭绿江边的九连城，迂回北上至镇北关，再西南下至滨渤海的山海关，全长近1000公里。总兵官驻辽阳，后迁驻广宁(今辽宁省北镇)。

早在战国时期，燕国就在今辽宁省境内筑长城，以后秦、汉沿燕旧边墙续有营建，今辽宁省建平县境内仍有不少墩台遗址，显然是为传烽报警而建。

明代从永乐年间，开始修筑辽河流域起广宁至开原镇北关一段长城。正统七年(1442年)辽东巡抚王翱，又主持修筑山海关至广宁一段长城。成化五年(1469年)辽阳副总兵韩斌

北镇鼓楼

北镇鼓楼位于今辽宁省北镇县城内，为拱形的过街楼。建于明洪武二十四年(1391年)，嘉靖十六年(1537年)重修。李成梁镇辽东时，以鼓楼为点将台。楼长25米，宽18.7米，高17米，楼基为砖石砌筑，楼高两层，三开间，两侧竖有旗杆。拱门南向额题“幽州重镇”。

修建开原至鸭绿江一段长城，至北辽东长城全部建成。全线建有边堡98座，墩台849座。

辽东长城防御体系的建筑结构严密，由垣、堑、台、空四部分组成。垣，也叫障塞，《明史·兵志》称“边墙”，大部分为土墙，即版筑墙。也有不少地段为石墙，包括石筑墙、石垛墙、劈山墙、险山墙等。砖砌墙也不少，如现在山海关一带的砖城墙。堑，是城墙外侧挖的壕沟，沟裹灌水(护城河)，它也是城墙防御结构的一个部分，一般宽6～10米，深3米，用以阻隔敌方进攻时接近城墙。台，建在墙体上，也叫城台，有空心的，也有实心的，可以用于瞭望敌

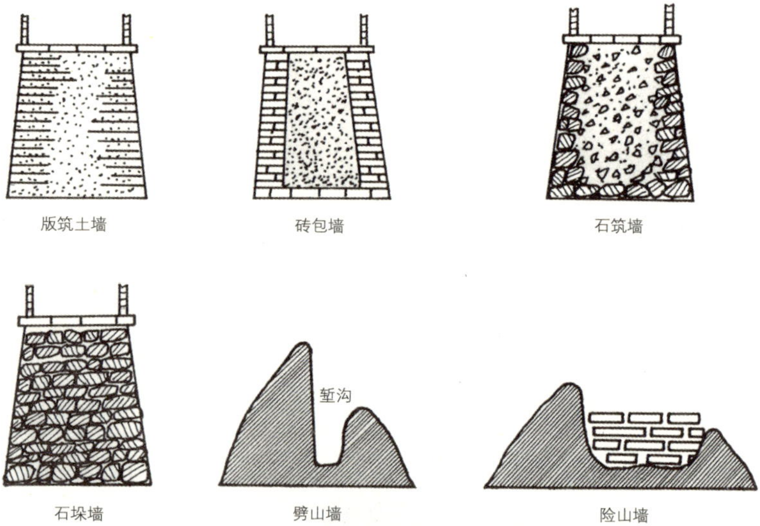

辽东长城城墙结构示意图

砖包墙是用整砖与土坯或碎砖合砌的砖墙，分为两种砌法：一是墙体四周砌砖，中心填馅用碎砖或土坯，俗称“金镶玉”；二是外面作平砖顺砌，内侧砌土坯，每隔三五层加平砖丁砌，使其相互叠压，俗称“里生外熟”。

石墙分为石筑墙、石垛墙、劈山墙、险山墙数种。石筑墙是两边外墙面用块石筑砌，中心填以碎石、沙土，顶部以砖砌垛口；干垒，不灌灰，不抹缝。石垛墙是先砌礤墩，再于礤墩上垒筑块石，在墙顶用砖砌垛口。劈山墙是利用天然的山崖陡坡，凿成直立的竖壁而成。险山墙则是以自然山势为基础，将其缺口处垒砌成墙，形成一道完整长城墙。

情、储存武器和从侧面夹击攻城之敌。空，就是口子，即可以出入的城墙的豁口。辽东长城设有城口空、水口空和路口空三种，均为便于行人出入和河水通过而设的通道。

辽东长城防御屯兵系统设有两座镇城：辽阳与广宁。辽阳镇城是辽东镇副总兵驻地。地方形，每面设二门。城墙高约11米，城墙外有护城河。明万历晚期熊廷弼镇守辽东，曾大修辽阳城。广宁分司城是辽东镇总兵驻地，在今北镇县城，平面略呈凸字形，南垣开二门，东、北、西垣各一门，四角建有角楼。城中今存有明辽东镇守辽东总兵李成梁石牌坊一座。

2. 蓟镇

蓟镇长城防线东起山海关，逶迤于燕山的崇山峻岭之间。经义院口、喜峰口、黄崖关、古北口而达居庸关。全长近900公里，是明王朝京师北方的重要屏障，总兵官驻三屯营(今河北省迁西县)。嘉靖年间(1522～1566年)为了加强对京师与帝陵的防务，又自蓟镇 划出昌镇、真保二镇。昌镇防务辖区，东起慕田峪，向西南沿太行山延伸直达紫荆关(今河北省易县)，全长230公里，总兵官驻昌平(今北京昌平县)，为长城防御体系的内长城。真保镇防务辖区，北起紫荆关，南至固关(今山西省平定县与河北省井陉的交界处)，全长约400公里。总兵官驻保定。

老龙头

老龙头属于山海关防御体系山海路，明蓟镇总兵戚继光所筑。从山海关南下的长城直伸入海中，于入海处建有敌台。越敌台还有一段入海石城墙，经过数百年的海浪冲掣，仍然坚固。

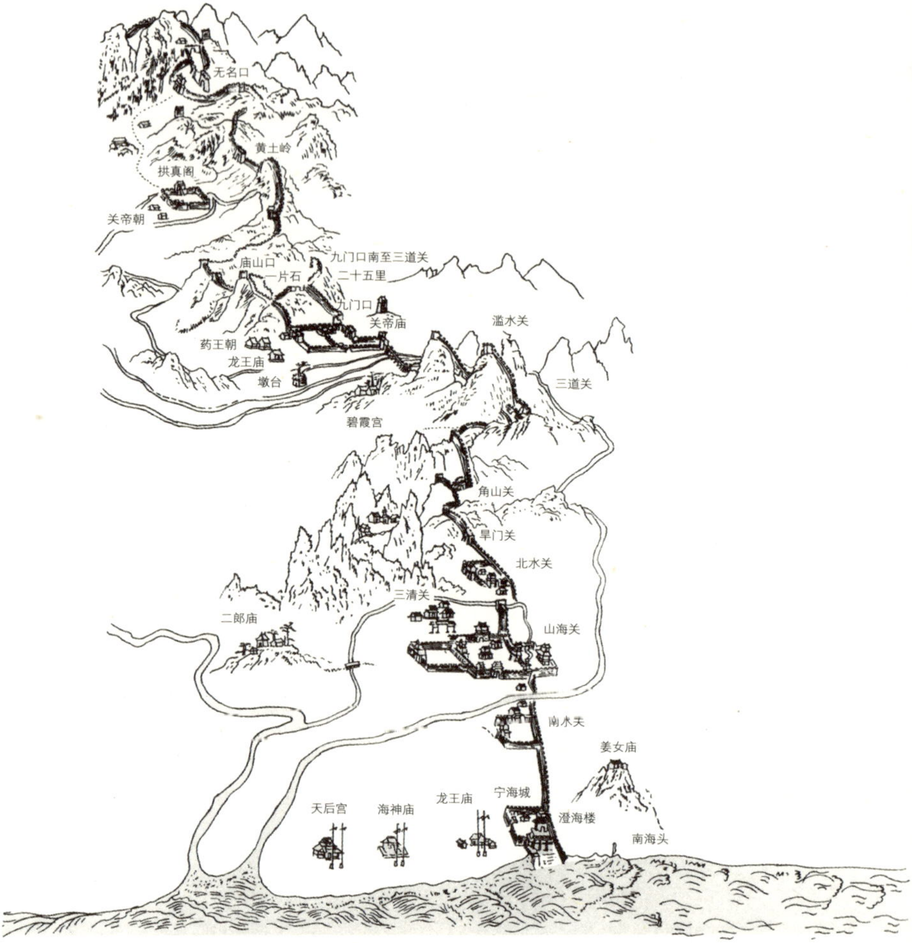

山海关形势图

山海关位于秦皇岛市东北，北倚峰峦叠翠的燕山山脉，南临波涛汹涌的渤海湾，是东北、华北间的咽喉要冲，历史上兵家必争之地，有“两京锁钥无双地，万里长城第一关”之说。

明太祖时，开国功臣徐达见此地势险要，于洪武十四年(1381年)在此设卫，称山海卫；次年，关城建成，名山海关。山海关与附近的老龙头、南水关、北水关、旱门关、角山关、三道关、寺儿峪关以及城堡、墩台相配合，构成一个坚固的军事防御体系，成为我国历史上重要的军事重镇。

山海关平面呈方形，周长约4公里，高14米；城墙外部以砖包砌，内填灰土。城门四座：北门称威远，南门称望洋，西门称迎恩，东门称镇东。在东、西城门之外，还各设一座瓮城。现存四座城门中，以东门保存最为完整：巨大的城楼后座辟一条拱道沟通关城内外，台上矗立着一座二层箭楼，箭楼中部设腰檐，上覆灰瓦单檐歇山顶；西面屋檐正中悬挂白底黑字“天下第一关”巨幅匾额，传为明代当地进士萧显的手迹，字体苍劲，与建筑搭配协调。

早在公元前3世纪的燕国就已在今北京北部一带筑长城以防胡。北魏、北齐也都曾在此修过长城。这些长城都过于简陋，且年久颓废。明王朝为巩固京师的北方门户，把修筑此镇的长城视为要务，特别是戚继光任蓟镇总兵的16年间，建关设塞，对山海关至居庸关千里长城线上的城垣，凡是颓废不坚实处，都用砖石加固加高；有些重要地段修筑多重城墙。又在长城内外两侧建立许多堡城、都司、卫所、烟墩，构成一道坚固的京师防卫线。

山海关负山襟海，地势险要，在此设关，万夫莫开。关城为方形，四面均有门，今只存东门。门楼建于城台之上，额枋高悬“天下第一关”匾额一方。由关城向南有城墙延伸至海中，即有名的老龙头长城。关城北侧，长城沿燕山上延即陡峭的角山长城。山海关防务体系山海路，包括山海关、老龙头、南水关、北水关、旱门关、角山关、三道关、寺儿峪关等十多处关口、城堡、墩台，共同组成一个严密的防御体系。

山海关迤西，长城在燕山山脉中，跨峰越岭，到达蓟州镇的古北口路。古北口雄扼山海关(东)与居庸关(西)之间，是蒙古高原进入华北平原的三大通道之一。此段长城险要，有名的黄崖关、司马台、金山岭、慕田峪，都在这一带的长城防线上。

黄崖关水关

黄崖关水关跨建于沟河之上，无关门通道，仅有供河水流通的桥式券洞，设有铁栅，阻人马穿行。水关城台上四周设垛口、射孔。台上正中建关楼，五脊四坡顶，名北极阁，为玄帝庙。明代所建水关已毁，今之水关为近年重修。（严欣强 / 摄影）

金山岭长城及敌台

金山岭长城属古北口路长城的一段。城上敌台密布，多建于制高点处，以空心敌台居多。敌台外形有圆有方，也有曲尺形的，均为两层。底层驻兵，四壁开箭窗2～5孔，故通称为“三眼楼”、“五眼楼”。

黄崖关在蓟州城北，早在一千多年前的北齐朝即在此修建长城(太平安寨)。戚继光镇蓟州，全面修建城墙、城关、敌台、墩台。近年于太平安寨瓮城前广场西侧的土岗上，塑有高逾8米的戚继光戎装塑像，以纪念他镇守边关16年的功绩。此段黄崖关长城长约42公里，有敌楼52座，烽火台14座。东屏悬崖，西依峭壁，跨峰越谷，关城建于两山夹峙、一水中流的要隘处，形势十分险峻，被称为“畿东锁钥”。

关城内的街巷道路按八卦布列为阵，称为“八卦城”或“迷魂阵”，易守难攻。有名的寡妇楼就建在黄崖关长城段上，这是一座两层的骑墙空心敌台，高13米。

司马台长城位于古北口东，是扼守古北口的东方咽喉。早在北齐朝，已修筑此段长城。明代万历年间，增筑砖、石城墙与敌楼。城墙、敌台多建于陡峭的峰巅与危崖之上，有的地段，攀缘于近90°的雄险山崖上，形势十分险峻。墙体结构也很复杂，有单面墙、险山墙、劈山墙。有的地方墙脊宽度仅为两块砖，形同鱼脊背，称之为“天桥”。此段防御线上敌台密布。这些敌台，结构独特，有单层、双层、单室及多室。平面有田字形、日字形及回字形。顶部结构有平顶、穹隆顶、八角攒尖式、四角攒尖式。门窗有砖券、石券等等。两台间距仅百米，有的只50米。有的敌台建在如锥的山巅，形如棒槌，有名的仙女楼(敌台)、望京楼，都建在

长城敌台平面·立面·部面图

敌台总平面图

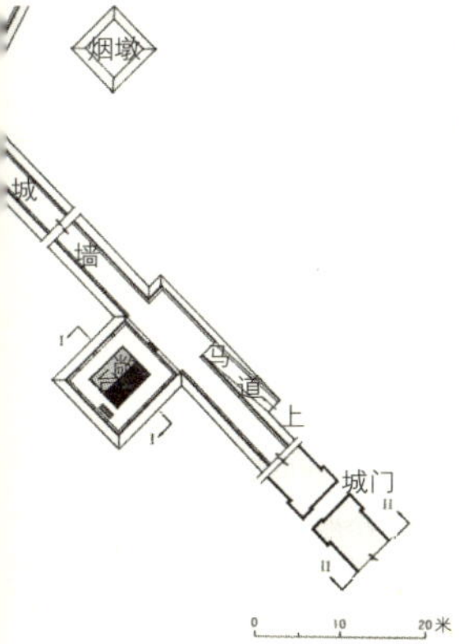

敌台形势示意图

敌台侧立面图

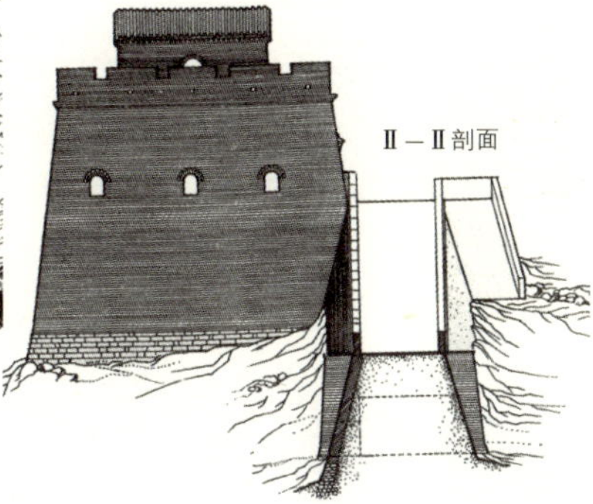

敌台一层平面图

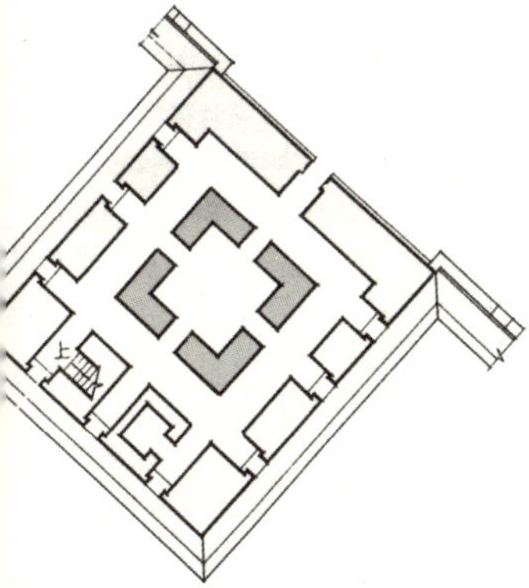

敌台二层平面图

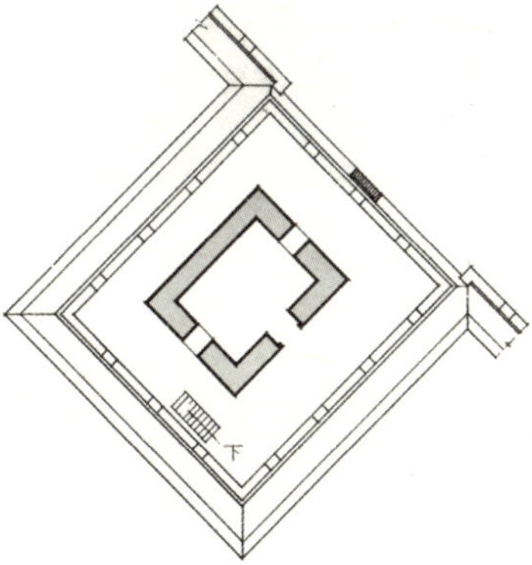

Ⅰ－Ⅰ剖面

城墙上每隔30～100米建有敌台。两座敌台的距离，以火力可以交叉为限。这种设置是为了在敌军逼近时，城上守卒可以从两个侧面夹击。

敌台有实心、空心两种，平面有方有圆。实心敌台只能在顶部瞭望射击，而空心敌台除了可在顶部瞭望射击之外，下层尚能住人，以及储放粮草、武器。空心敌台是明代中叶的产物，戚继光任蓟镇总兵时就在其所属防线的长城上建了一千余座空心敌台。空心敌台高二层，突出城墙外，底层与城墙顶部平，内为拱券结构，设有瞭望口和箭窗，上层建有楼橹及雉堞；上下层之间以竖井相通，有的则以软梯上下。

此外，在蓟镇长城的墙垣顶上，接近敌台之处，往往建有一排排的障墙。这种短墙高逾2米，因依城墙梯道的台阶而建构。墙身上砌有瞭望孔和射孔，守卒能以武器封锁墙面，凭据障墙节节防御，使已登上城墙的敌军不能逼近和攻占敌台。

慕田峪牛犄角边长城

慕田峪关城西北侧长城随山势攀缘而上，连接山顶敌楼，又折回山腰，因其形状而被称为牛犄角边长城。(严欣强／摄影)

慕田峪长城敌台

慕田峪长城在今北京市怀柔区境内。敌台多建于险崖之上，突出众峰之巅，气势非凡，墙基均由大块条石垒筑，上部以青砖为构，上建垛墙，下设瞭望孔与射孔。

司马台长城防线上。望京楼建在海拔1000米的峰巅。

金山岭长城属古北口路长城的一段，是明代隆庆年间，谭纶、戚继光所重新改建。墙体以条石为基，外包以砖。墙高5～8米，底宽6米，顶宽5米。墙顶外筑垛墙，内设女墙。墙垛上设瞭望孔和射孔、礌石孔。临近敌台之处，还建有多重“障墙”。为了增加长城的防御能力，还把长城外侧的山坡铲平，筑挡马墙，以阻扼敌军骑兵的进犯。

金山岭长城敌台密布，可使两台火力交叉，以阻扼攻城之敌。敌台多为空心，高约10米，有木构，也有砖构。外形或方或圆，或为曲尺形，均上、下两层，以梯道或竖井相连，底层驻兵及储放粮草、武器，上层外筑垛墙。台上中间建有楼橹，也叫铺房楼，供守军休息之用。

还有一座由院墙围护的独特敌台，两边有障墙防御。左右两侧山梁上各有一座圆形烽火台，形如双关。于60米远处，还筑有重墙，这座被称为库房楼的敌台，警戒森严，很可能是史籍中提到的“总台”，即长城前线指挥所驻地。

慕田峪是蓟镇黄花城路最东的一座关隘，正当居庸、古北二关之间，是卫京师、护帝陵的要地。此地外平内险，地势平漫，明初永乐年间于此建慕田峪关，隆庆年间戚继光又重修。

慕田峪长城结构坚固，敌台密布，墙高7～8米，顶宽4～5米。墙体用长方花岗石砌筑，墙面墙顶包以青砖。墙顶内、外均设垛口。城墙多建在外侧陡峭的山崖边，依山就势，以险制扼。平川地段则在墙外侧挖挡马坑。

慕田峪的主要隘口是正关台。它处于慕田峪长城东段，建于两峰之间，城楼踞于山谷。城台之上，建有三座楼橹。关城两侧有城垣缘山脊攀升。其西北侧，长城一直筑到海拔1000米的山顶上，连接山顶上的敌台，而后又折回山腰，形态似牛犄角，即著名的牛犄角边。

长城由牛犄角边向西延伸，随山势起伏曲折，城垣建在壁立的山崖上，是长城最为险要的一段，被称为“鹰飞

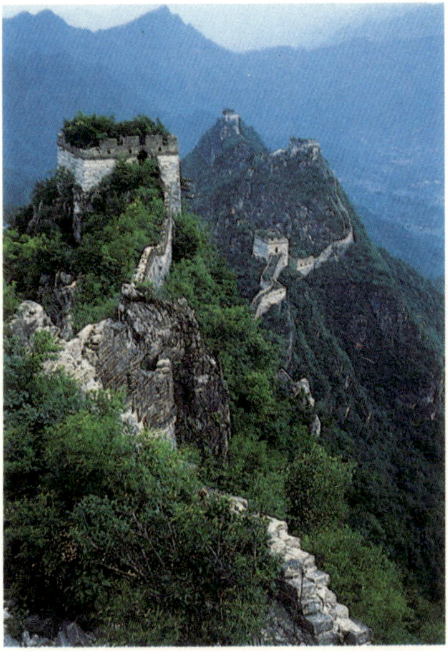

箭扣长城

由慕田峪牛犄角边长城向西延伸，到达最为险要的箭扣长城。此处山势陡峭，坡度均在50°以上，有的地方几成90°壁立之势，绵延的城墙，众多的敌台，就建在奇峰险岩之上。当地人形容此处为“鹰飞倒仰”。
（严欣强 / 摄影）

倒仰”。

居庸关是昌镇的一个重要的京师北方关口，古称军都关、蓟门关。早在北魏朝即在此筑“畿上塞围”。现在的关城和长城均为明代重修。关城建在两山夹峙、山形陡峭的关沟峡谷之中，整个防御体系，以关城为主，在关沟南口建有南关，北口即八达岭建有北关。原居庸关有水、陆两道门关，现只存陆门关，水门关早已毁。据明嘉靖绘制的居庸关图，居庸关沿30里关沟设有四关。第一关是下关即南口，第二关即居庸关，第三关即上关，第四关即八达岭。其中尤以“居庸外镇”的第四关最为险要，门额题有“北门锁钥”，亦可见其形势之险要。今四关均已毁圮，只第二关中残存一座过街塔基座，即云台。

由“北门锁钥”城楼左右两侧起，长城分别向南北延伸，依山就势，高低起伏。墙高约7～8米(最高地段高达14米)。墙基宽6～7米，顶宽约5～6米。陡峭处墙顶筑成梯道，墙体均由巨大的条石与青砖筑砌，每隔一定距离建有一座敌台。这些敌台多为两层，四面设垛口，可以临敌。明代每台守军14名，分为两伍，4人守台，10人守垛。在长城线外的制高点上，筑有烽火台。明制规定凡边防山川城堡疏空旷阔之处，都筑墩台，高5丈，周建小城，高1.5丈。每台有守卒若干人，有警即按规定举烽放炮。

由山海关奔西而来的明代大边长城，至居庸关北的四海冶(今北京延庆县境内)分岔为两条：一条向西北延伸，经独石口，再南下过张家口，奔西南经镇口台、阳高、天镇、大同、左云、右玉，向西南抵于偏头关。这是明代的外长城，为宣府、大同两镇所属长城。另一条向西南延伸，缘太行山西南行，经紫荆关、固关、倒马关、娘子关而南下。此段属真保镇长城，即明代的内长城。著名内三关(居庸、紫荆、倒马)都在这段长城线上。在山西境内还有一条内长城，自紫荆关西行越恒山，走雁门，经宁武，止于偏头关，与东北来的外长城汇接。有名的外三关(雁门、宁武、偏头)就在这条长城线上。

墩台形势示意图

明代长城墩台·烟墩示意图

墩台主要作为防守使用，建在长城附近，间距约500米，因为明代已使用火炮，火炮射程约350米，在500米的距离中可以构成交叉火网。墩台周有围墙，内住士卒，贮存粮薪，旁掘水井。

明代墩台的结构形式非常多样，按照不同的情况和险要的程度分别设置。据明代陈棐撰写的碑文载："今各筑大墩，中建实台，台用悬洞天拱，而大墩外筑城，垣面暗砌铁门，放将军火炮，多安放火枪孔，名曰铁城迅击台。……名曰轰电却胡台。复广前墩之式，中建一台，即安火炮铁门券洞于台下，通出四面，以大将军炮诸火器向外击贼。台上有房屋，多储器粮，台中之底多凿井，以防攻困，名曰玉空飞震台。复广前墩之式，中建墩台，四隅筑二实台，二虚台，虚台中设火洞炮眼，悬空安门置梯，从此以上、下，名曰风雷太极台。"

墩台总平面图

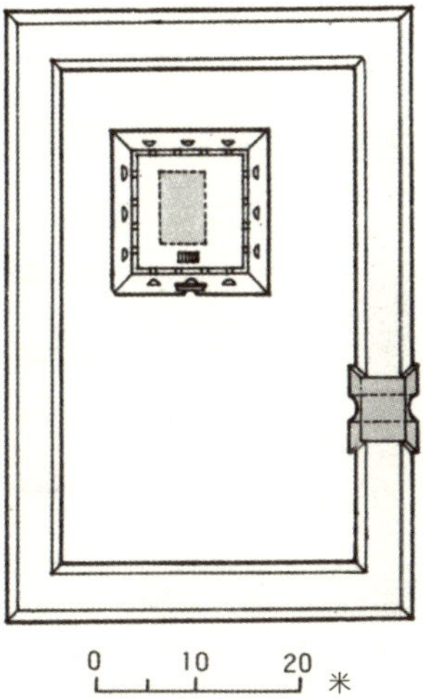

墩台中层平面图

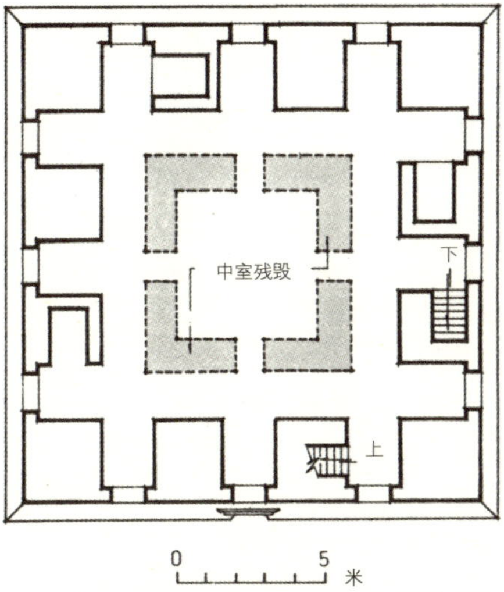

烟墩形势示意图

烟墩正立面图

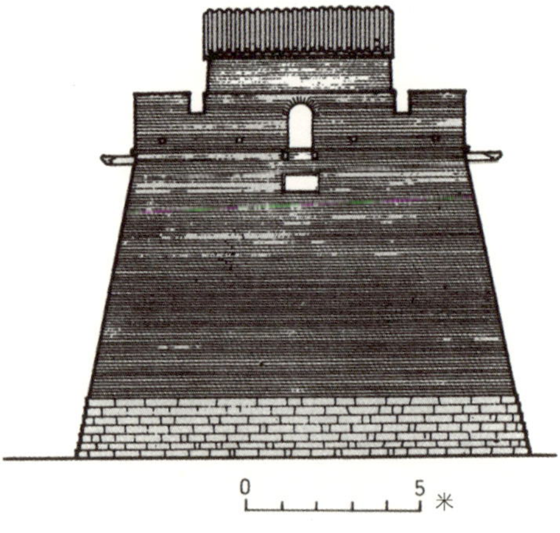

烟墩上层平面图

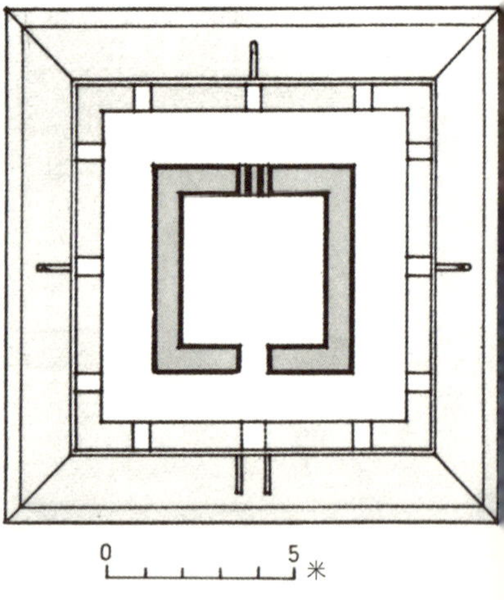

烟墩即烽火台，是长城沿线守卫、传递军情的据点，烟墩在汉代被称为烽燧，每个烽燧有五六人至三十人不等，他们的任务第一是防守烽燧，了解敌情，传递消息；第二是保卫屯田；第三是检查和保护来往的商旅；第四是支援附近的防务。

烟墩大多建在山岭最高处，间距约1.5公里，若有山冈阻隔，则不限里数，务以三处烟墩相望，彼此可以见到传递的军情。烟墩一般用夯土筑成，重要的在外包砖，上建雉堞和瞭望室。处于边界之外的烟墩，周围还建有围墙。若干烟墩设总台一座，总台往往建在营堡附近，外有围墙，形如空心敌台。

传递军情的方法是根据来犯敌人的多寡和军情的缓急，以燃烟(日间）和举火(夜间）的次数报警。这个方法一直沿用近两千年，不过到了明代，除了燃烟、举火之外，还加上放炮的次数，使传递军情更加准确。

娘子关南门

娘子关在今山西省平定县境内，传说唐初李渊之女平阳公主曾率娘子军驻守此关。南门额书“京畿藩屏”。城台上建木构门楼一座，三开间，两层，歇山顶。檐下悬“天下第九关”匾额。

紫荆关在今河北省易县的长城线上，自古以来就建有紫荆塞。明代改筑新关城，辟有四门，北门额题“河山带砺”匾额一方。关城据险而建，主要为石构。关城两翼的长城，东上紫荆岭，西傍河，顺山脊盘旋，构成一条东西线防线，可以北控拒马河开阔地带，被称为“紫塞金城”，“畿南第一雄关”。

倒马关在今河北省唐县境内的长城线上，也叫常山关，相传北宋名将杨延昭，因山路险峻，骑行倒马而得名。它是北方南下中原的要隘，战国时赵武灵王即曾败中山国兵于此。明初于此先后筑上、下两城，以参将驻守，是为内长城防线重镇。下城在上城南3里处，依山跨谷，唐河水绕城西、北、东三面，增强了防御的能力。城周长2.5公里，高10丈，夯土版筑，外包砌青砖，于东、北、西三面设门。为加强防守，西门外百步处建有石砌城门一座。

娘子关在山西省平定县境内，也是内长城南下的一个险要关口。明嘉靖二十一年(1542年)建关城，设有东、南两座城门，城台高大，砌有拱形砖券门洞。关城两翼的长城依山势蜿蜒而上，形势显得格外险要。

3. 宣府镇

宣化府在秦时为上谷郡，今宣化市内有“古上谷郡”石牌坊一座。早在北魏、北齐即于此先后修筑过长城。宣府镇为明初最早设置的四镇之一。

宣府镇长城东起居庸关北的四海冶，西至大同的西洋河(今大同东北)，辖有四路，53城关，总兵官驻宣化府，全长约510公里。这一镇长城北控大漠，南屏京师，左拥云中，右扼居庸，是明王朝北方防御最重要的一段防线，驻兵也最多。明朝自永乐年间即着意于宣府镇长城的修筑，特别是嘉靖年间翁万达任宣大总兵期间，修墙垣数百里，筑墩台数百座，设塞筑险，峻垣深壕，烽堠相接，使边境得以晏安。

宣府镇城垣早已毁，今只残存城中钟、鼓二楼，及昌平门。清远楼即钟楼，建于明成化十八年(1482年)。鼓楼名镇朔楼，在原宣化府镇城的中心，建于明正统五年(1440年)。

张家口是宣府镇长城线上的重要关口，明宣德四年(1429年)筑张家口堡。此处地势险要，古时是通向蒙古高原的边塞门户，也是蒙汉互市之地。

大境门明代叫大境口，是一处长城豁口，清顺治年间建门，名大境门。

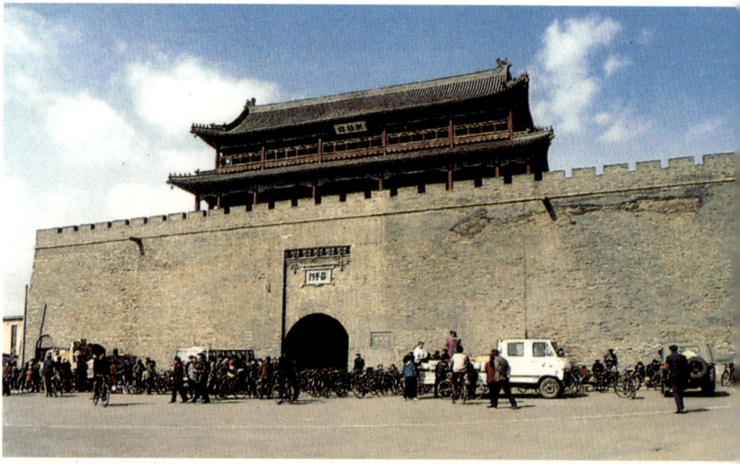

宣府镇昌平门

宣府镇在今河北省宣化县城。镇城原关有七座城门，昌平门为南城墙最东边的门，重楼歇山式，灰色筒瓦顶。城楼底层面阔七间，上层面阔五间，比一般城楼规制要高。

平型关门洞

平型关在山西省灵丘县以西，北界北岳恒山，南临著名的五台山，是晋、冀间西进雁门，东出冀西的一个交通要冲。明正德六年(1511年)建关，万历年间又曾重修。它是雁门关防御系统东翼的一座关防。

大境门外，明万历年间还在长城外侧两高山之间建了一座“来远堡”，方二里余，墙高三丈，四面开门，四隅设戍楼，供警戒瞭望。它与长城内侧的张家口堡，南北相望，是为蒙汉互市之所，故“来远堡”也被称为“市城”。

4. 大同镇

大同镇长城东起毗邻宣府镇长城的镇口台(山西省天镇东北)，经阳高、大同、左云、右玉、平鲁直抵偏头关的鸦角山。这是明代的外长城，也叫“外边”。全长330公里，筑有城堡72座，墩台827座，总兵官驻大同。

大同古为并州地，秦置县(平城)。早在战国时，赵国就在此地筑过长城。北魏王朝以平城为都城，在其南、北筑“畿上塞围”以卫京城。明代，它也是最早设置的四镇之一，与宣府镇共同构成为明王朝屏障京师的北方防御线，洪武年间徐达即筑城防守，并任大同总兵。

大同镇长城地处黄土高原，故境内的城垣与烽火台多是黄土夯筑，称为“紫塞”，只在重要关口、险要地段用砖包砌，也有的地段用条石垒砌，如鸭角山东长城，即为砖石构筑。先在基层砌厚26厘米的大条石26层，再于其上砌青砖，墙身高3米。现在大同镇长城沿线仍保存有镇川、宏赐、镇羌、市场、得胜、拒墙、拒所、拒马、破鲁、高山、驻马、镇河、镇鲁等许多城堡。

大同外围地势平旷，为了防守，于墙外挖壕堑，壕外种树木，以防骑兵突袭。

5. 太原镇

太原镇也称山西镇，是今山西境内的一镇长城，东接由居庸关沿太行山、恒山走向的长城，经平型关、固关、雁门关、龙泉关、宁武关、老营堡、偏头关，而南达黄河边岸，全长八百多公里，总兵官驻偏头关。这段长城因其在宣府、大同两镇长城之内，故又称内长城。统辖偏头、宁武、雁门外三关及39堡、19隘口。内边长城蜿蜒于崇山峻岭之间，城墙多石砌，而且墙垣多重，是明王朝防守最为严密的一道防线。

雁门关在代县西北，雄关踞于恒山(在其北)、五台山(在其南)之间，山势连绵，绝壁断立，至此两山对峙如门，古称“飞雁出于其门”，故得名雁门关。明洪武年间筑关城，嘉靖年间重修。古老的长城在崇山峻岭之中穿行，构成一道东西走向的防御线。关外筑有多重墙垣与多处隘口。北宋名将杨业曾任代州刺史，驻守雁门。关城附近有靖边楼一座，始建于明初，高40米，木构三层，上檐北向悬“威镇三关”匾额一方。

宁武关在外三关长城防线上，居雁门(东)、偏头(西)之间，处于四山汇总之地，形势险要。明景泰年间筑城屯兵守

陕西榆林镇北台

镇北台建于明万历三十五年(1607年)，为保护红山马市而建的一座大型敌台。台为方形，四层，高30多米。台基边长82米至64米不等。墙台均由青砖包砌，各层有雉堞。墙面从下到上有明显收分，造型浑厚稳重。

备，成化年间又几经修筑，扩建城楼，砌筑砖城，城外挖有深堑。城外山巅，烽火台连属相接。嘉靖二十二年(1543年)置三关镇守总兵，即驻守于宁武关。关城东10公里处有阳方口堡，为宁武关的外卫，是山西镇中路第一冲口。堡城筑于嘉靖十八年(1539年)，明代曾驻有重兵。宁武关长城有土筑的，也有土石混构的，一般高3米，宽2～4米。

偏头关居于内、外长城的交汇处，迤西渡黄河即接延绥镇长城，为明代山西镇总兵官驻地。早在五代即在此地设偏头塞，明洪武年间设太原五卫，偏头镇属西卫。正统年间以后筑城修垛，并用青砖包砌。内、外长城由东南、东北延伸而来，汇聚于此，再西止于黄河岸边，形势十分险要。境内长城多重，分为大边、二边、三边、四边、黄河边、内边，计有六条长城。这一段长城的结构也非常独特。敌台高约20米，条石奠基，青砖砌筑，四面各设4～5个射孔，18个藏身的窑洞，称“九窟十八洞”。在百余里的偏关大边的内侧，筑有石城堡五座，配置以数目更多的烽火台，形成一条坚固的防御线。

6. 延绥镇

延绥镇长城东起黄河岸边的黄甫川(今陕西省府谷县)，向西延伸经神木、榆林、横山、靖边、安边、定边，而西达于宁夏镇的盐池花马池(今宁夏回族自治区盐池县境内)。长城线全长885公里，分东、中、西三路防守，有名的三边堡(靖边、安边、定边)就在西路防线上。总兵官驻绥德(今陕西省绥德县)，后迁驻榆林卫(今陕西省榆林县)，故又名榆林镇。

延绥镇长城呈东北西南走向，横跨陕西北部的黄土高原，长城以北即毛乌素大沙漠。早在秦、汉时，北方是以阴山与黄河为天险构筑防御线。到了明代，防线南移，这一带为黄土高原，又无险可据，不得不修筑长城。明成化年间，延绥镇巡抚余子俊主持修筑长城，依山形地势，或铲削，或筑垒，或挖堑，修筑了拱卫延绥的长城防线。城体多为黄土夯筑，五百年来夯土毁坏严重，特别是受到北方沙漠的侵蚀，不少地段城垣已被淹没于沙漠之中，只剩个别地段尚有

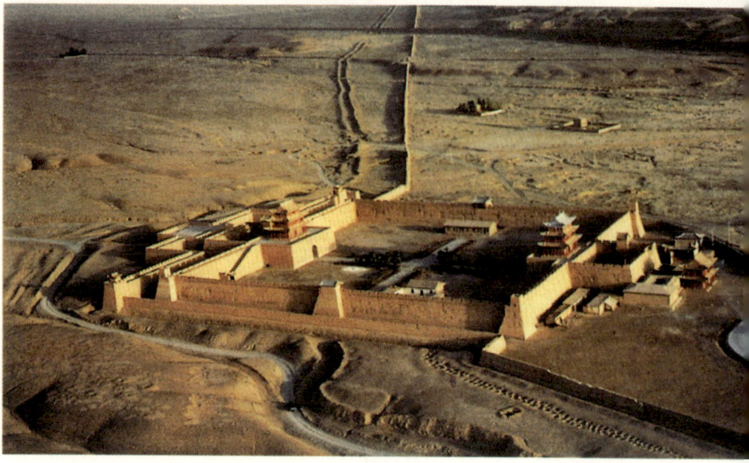

甘肃嘉峪关全景

嘉峪关在甘肃酒泉县境内，是明代万里长城西端的终点。关城平面呈方形，面积25000平方米，周长640米。关城西、北、南三面墙外侧筑有罗城。罗城外有护城河。关城东门为光华门，西门为柔远门，四角有角台，南北两侧城墙正中有敌台。东门附近有戏台、关帝庙和文昌阁等建筑物。
(人民日报社提供)

城墙与墩台残立于沙漠之中。成化九年(1473年)余子俊重修榆林堡城，并将总兵府迁至此地。墙体为黄土夯筑，外包砌青砖，高约12米，辟设有五门，城台建有门楼。城内南大街有明正德年间建造的新明楼，高45米，重檐歇山屋顶，算是榆林城内的明代遗物。

榆林城北5公里处的红山，有明万历三十五年(1607年)建筑的镇北台一座。这座敌台高三十多米，共四层，青砖包砌，各层有雉堞、围墙，原顶层上建有木构瞭望楼。

台西不远处，榆溪河东岸山崖上，筑有红山易马城，俗称“买卖城”，建于明嘉靖四十三年(1564年)，为一座方形小城。城的四角筑有墩台，是明廷与蒙古土默特部沿边开设的11 处马市之一(即红山马市)。

7. 宁夏镇

宁夏镇长城东起与榆林镇三边相接的盐池(今宁夏回族自治区盐池县)，向西北延伸，经灵武、横城，北上陶乐至内蒙古巴音陶亥，越黄河由石嘴山南下，沿贺兰山，经三关口(今宁夏永宁县境内)、胜金口，又于中卫跨黄河，西南行至皋兰与甘肃镇长城相接，全长1000公里。所属有二卫、四所、四营、十八堡。总兵官驻银川。这段长城，依黄河与贺兰山之险，是控扼北方蒙古南下中原的重要防御线，有重大关口37个。有名的大武口、三关口、胜金口都是此段长城防线之上的险关要隘。

大武口在石嘴山境内，明代曾在此筑三道石砌关墙，足见防御之森严了。

三关口以有三道关而得名，在今宁夏回族自治区永宁县境内，位于重峦叠嶂的贺兰山中部，明嘉靖朝在两山夹谷中筑有三道关城。主关南、北两翼与长城连接。主关之外(西)是二道关，过二道关，山谷更形狭窄，两崖相夹持，形成一线天，三道关就筑在这个绝险之处。

胜金口建在黄河北岸与贺兰山支脉相接的险要处，它是宁夏镇最南的一处关隘。

8. 固原镇

固原镇长城东起延绥镇的三边，向西南延伸至皋兰与甘肃镇长城相接。全长仅500公里，总兵官驻固原(今宁夏回族自治区固原县)。领三卫、四所、一营、十五堡。这是宁夏边内侧的一条第二道防御线。

明弘治年间，由于蒙古骑兵多次南下，掠夺固原及陇东。明王朝于嘉靖年间置固原镇，修筑此条南线长城防御线。但因此一地段的土质松散不易构筑，故墙垣易颓坏。唯固原镇城，因系总兵驻地，修筑较好。城垣有内、外两重，内城周长5公里，墙高12米，外城周长7公里，墙高13米，城外还挖有深7米的堑壕。

嘉峪关关城西门柔远门

嘉峪关城西、东二门遥遥相对，形制相同。西门题额“柔远门”，意在怀柔边陲以远民族。东门题额“光华门”，意为紫气东来，光华普照。柔远门洞基础和过道均为大块条石砌筑，门洞为砖砌拱券式。城台建有三层三檐式木构楼阁。

嘉峪关城墙

嘉峪关城为黄土夯筑，城垣墙基6.6米，顶宽2米，收分明显，城头外缘砌有高近2米的垛墙。城墙的四角建角楼，为两层单间式，台顶平台建垛墙，底层一面开砖拱小门，另三面设窗。城墙外侧矮墙构成罗城，罗城上建有箭楼。

固原镇下马关迤北直至灵武外边，建有一条烽火烟墩警报传递线，每隔2.5公里便建有一座夯土墩台，周围建有坞墙，一旦北边有警，即可迅速传递至后方第二道防线的固原镇。

9. 甘肃镇

甘肃镇长城分内、外两条城墙。内长城东起皋兰，西北行经永登，越乌峭岭达土门(甘肃古浪县境内)，而至武威。外长城东接从宁夏镇中卫西行的长城，经景泰而至武威。内、外两道长城至武威汇合后，沿河西走廊西北上，经民勤、永昌、山丹、张掖、高台、酒泉而达嘉峪关，又南至祁连山麓，全长800公里，总兵官驻甘州卫(今甘肃省张掖)。

甘肃镇境内，早在秦、汉时就已修筑过长城，特别是在汉武帝为了通西域，在河西走廊迤西修筑了一千多公里的汉长城和众多的烽燧。明代前期长城也曾延伸于安西的布隆吉城，后来由于国力不济，无力西顾，才把嘉峪关作为明长城西端重镇。

甘肃镇明长城大多为黄土夯筑，墙高10米左右。烽火台建构于邻近城墙的内侧，高逾10米，墩顶筑有瞭望哨所，两墩相距约5公里。

河西走廊的明长城沿线，建有众多的堠寨。它是戍守士卒

的营地，也是传递军情的烽火台。平面为方形，面积为100平方米左右，寨有围墙、旗墩、烟墩，属长城防御的组成部分。

武威是河西走廊明长城线上的第一座卫城——凉州卫。汉武帝派霍去病出陇西击匈奴，以显示武功军威，设郡以“武威”命名。武威段长城多为夯土筑成，筑造十分坚实。武威故城位于长城内侧22公里处，为洪武十年(1377年)都指挥濮英增筑，高5丈，周逾11里，东、南、北三面辟门，筑有城楼。城外护城壕堑深2丈，宽3丈。周城还建有箭楼、巡铺36座。北城还建有一座瞭望楼。

张掖在明代时称为甘州卫，为汉武帝所置河西四郡之一，以“张国臂掖”而得名。明初都督宋晟增筑新城。据《甘肃通志》的记载：城周十二里，垣高三丈除，四面辟有城门。城墙外挖有壕堑，阔三丈七尺，深一丈三尺。

汉武帝曾于酒泉置酒泉郡，明为肃州卫，领左、右、中、前、后五所。肃州城在长城内侧南12公里处。今市内中心路口，留存有清代重建的三层木构楼阁一座。这座鼓楼四面的四方匾额，表达出酒泉“东迎华岳”、“西达伊吾”、“南望祁连”、“北通沙漠”的重要地理位置。

嘉峪关是明长城西端重镇，古称“河西第一隘口”，建在肃州卫西嘉峪山麓，自古以来就是通西域的要道。西汉张骞、东汉班超出使西域诸国，唐玄奘到天竺取经，都是经由这条通道西行的。明洪武五年(1372年)，大将军冯胜大破元兵，进军玉门关外，筑土城，置关隘，驻兵镇守。以后又建置为肃州卫嘉峪关所，驻军守关。

嘉峪关平面略近正方形，西头大，东头小，周长640米。垣高10.6米，基宽6.6米，顶宽2米，黄土夯筑。城楼、城角均用砖包砌。关城西、北、南三面墙外，筑有罗城。西罗城以砖包砌。关城设东、西二门，城台之上建有三层城楼，高17米。关门外还建有瓮城。从关城的东面有闸门进入罗城，闸门上有闸楼，单檐歇山顶。居高临下，面向关内村镇，是古代出入关城的必经之门。靠近关城的东门有戏台、关帝庙和文昌阁等建筑物。关城只有东西两门，南北不开门。东门叫光华门，西门叫柔远门。两门外均筑有瓮城。柔远门外的罗城亦有门，也就是嘉峪关的大门，原来“天下第一雄关”的匾额即悬挂在此门上。光华门与柔远门上均有城楼，面阔三间，周围廊，三层单檐歇山顶，高17米，耸立在高大城门之上，气势壮观。在关城内东西两门的北侧设有宽阔的马道可以登上城墙，便于守卫士卒上下。关城的四角有角台，角台上有砖砌的两层角楼，形如碉堡。南北两侧城墙的正中，有敌台，台上建敌楼，面阔三间带前廊。罗城西头城墙的南北两端亦建角台及角楼。整个关城之上，远远望去城楼高峙，碉堡林立，显示出万里长城一处雄关的气势。

嘉峪关长城大部为黄土夯筑，部分地段也有黄土夹沙墙、片石夹土墙、崖栅墙(即编柞木为墙)。土筑墙高约6米，底宽4米，顶宽2.5米。沿边墙外侧50米处，挖有长城外壕。壕宽10米，深4米。长城线上，每隔15公里筑一方形城堡，南向开门，驻兵防守。5公里设一土筑圆锥形墩台，高6米，设卒守望。墩台即烽火台，至明朝为使传递军情更加准确，除白天燃烟、夜间举火的次数之外，还加上放炮的数目。嘉峪关共管理墩台39座。在嘉峪关附近的一处墩堡，平面为四方形的围墙，南面开门，可容数十人居住。烽火台为土筑，高逾6米，侧面有

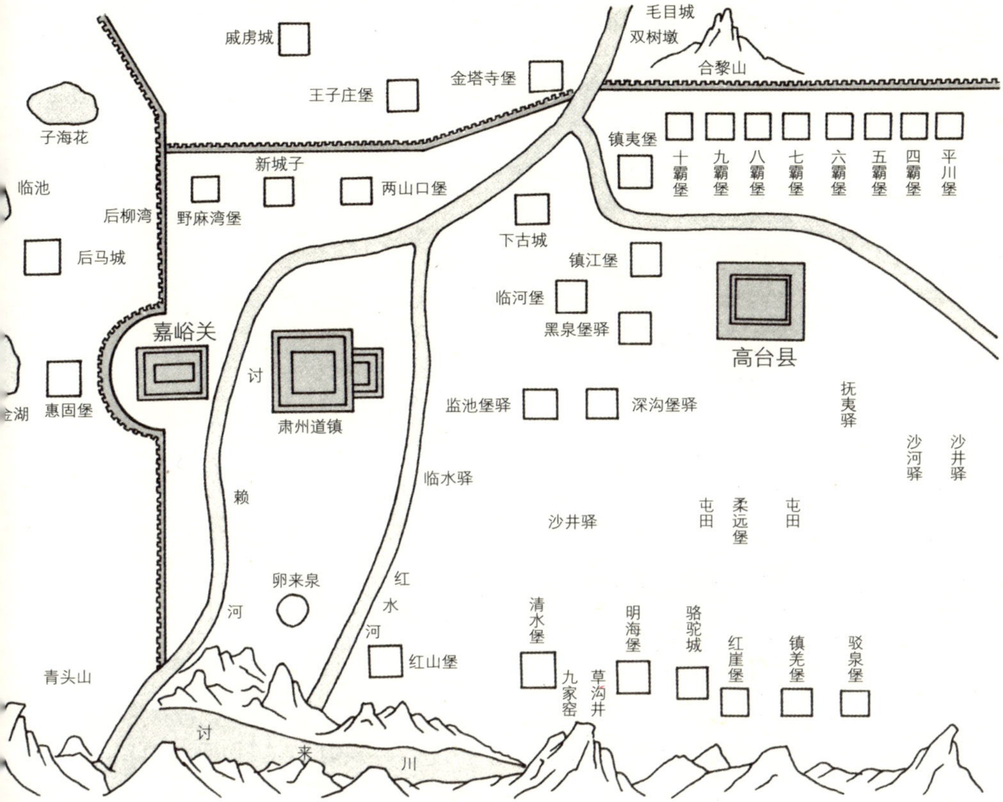

嘉峪关与长城位置图示

嘉峪关位于甘肃省的西部，河西走廊的西头，肃州卫西嘉峪山麓，明代万里长城西端的起点，古称“河西第一隘口”，属于防御性的城堡建筑，自古以来即是通西域的要道。

关城的平面呈西头大、东头小的梯形，面墙长166米，东墙长154米，南、北墙各为160米，周长为640米。城东西各有一道城门，两城门外都有瓮城围护，反映出以防御为目的的特性。城墙高10.6米，基宽6.6米，顶宽2米，有显著的收分。城墙用就地取材的黄土分层夯实，夯层约14厘米左右。城楼、城角均用砖包砌。关城西、北、南三面墙外筑有罗城。罗城的西墙，因是迎敌的一面，所以全部用砖砌，增加了关城的坚固程度。

梯道可登上台顶，台顶土还有高逾2米的残墙，是瞭望戍卒居住之处。

嘉峪关是中国古城中一种重要的类型，属于防御性的城堡建筑。它的选址、规划、平面布局以及建筑物的结构与形式充分满足了防御功能的需要，从设计到施工，也都符合建筑和工程技术的原理。

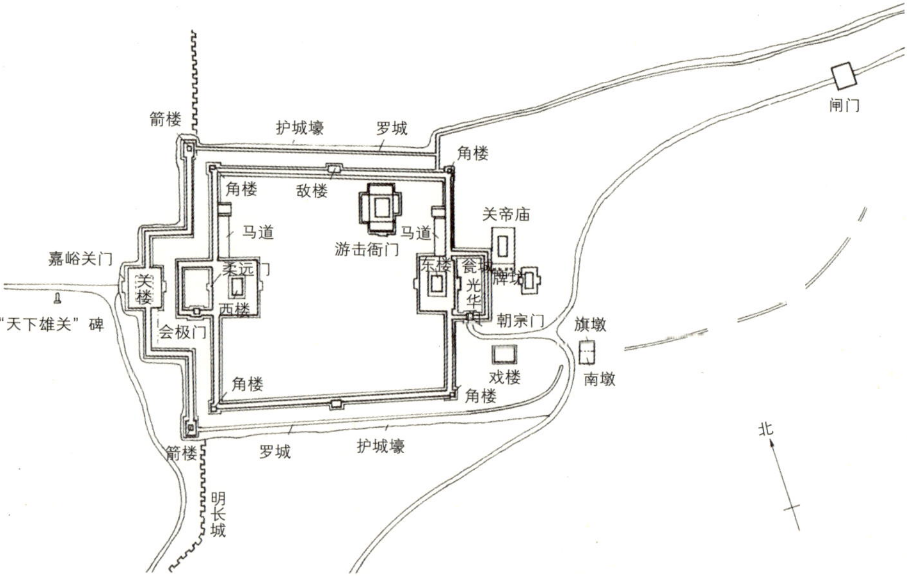

嘉峪关平面图

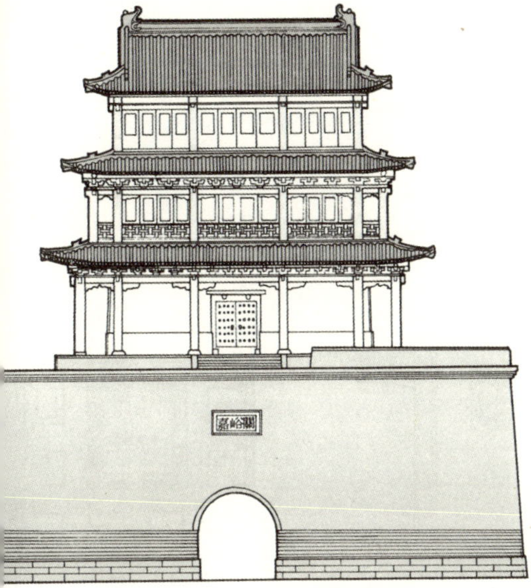

嘉峪关城楼正立面复原示意图

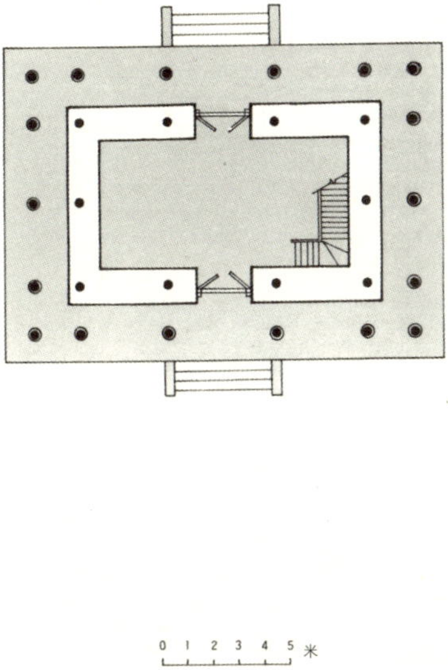

嘉峪关城楼平面复原示意图

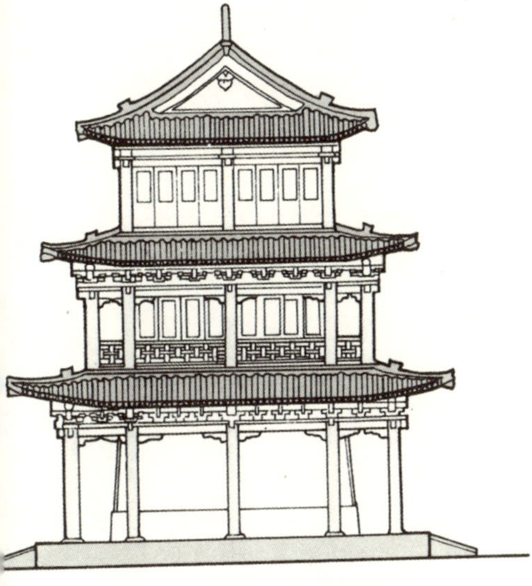

嘉峪关城楼侧立面复原示意图

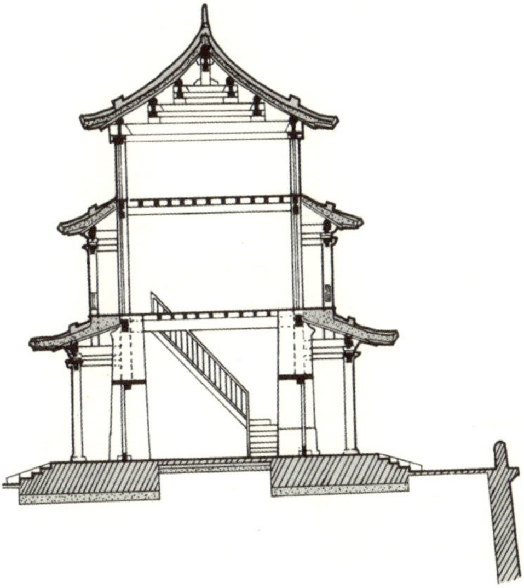

嘉峪关城楼剖面复原示意图

中国古建筑之美

·城池防御建筑·

千里江山万里城

- 长城
- 华北
- 华南
- 西部地方
- 华中
- 东北

中国历代君王为了保民与自保，均致力于兴建城池，无论是边塞重镇，还是中央政府所在地，均各自成为一个完备的御敌系统。而自战国时代起，各国或为抵御北敌入侵，或为划分疆城，防御彼此间的攻伐，绵延数百里甚至上千里的长城遂应运而生。长城横亘于中国广袤的大地上，与都城及边塞构成千里江山万里城的多重防御体系。本册图版拟由长城开始，详细介绍这个世界八大奇迹之一的伟大建筑工程，再循华北、华中、华南、东北、西部地方等次序，逐一介绍各地的城墙与消逝于时空之中、仅余残址的防守遗迹，一窥先人在保疆卫土、保国护民方面所作的伟大努力与非凡贡献。

图版

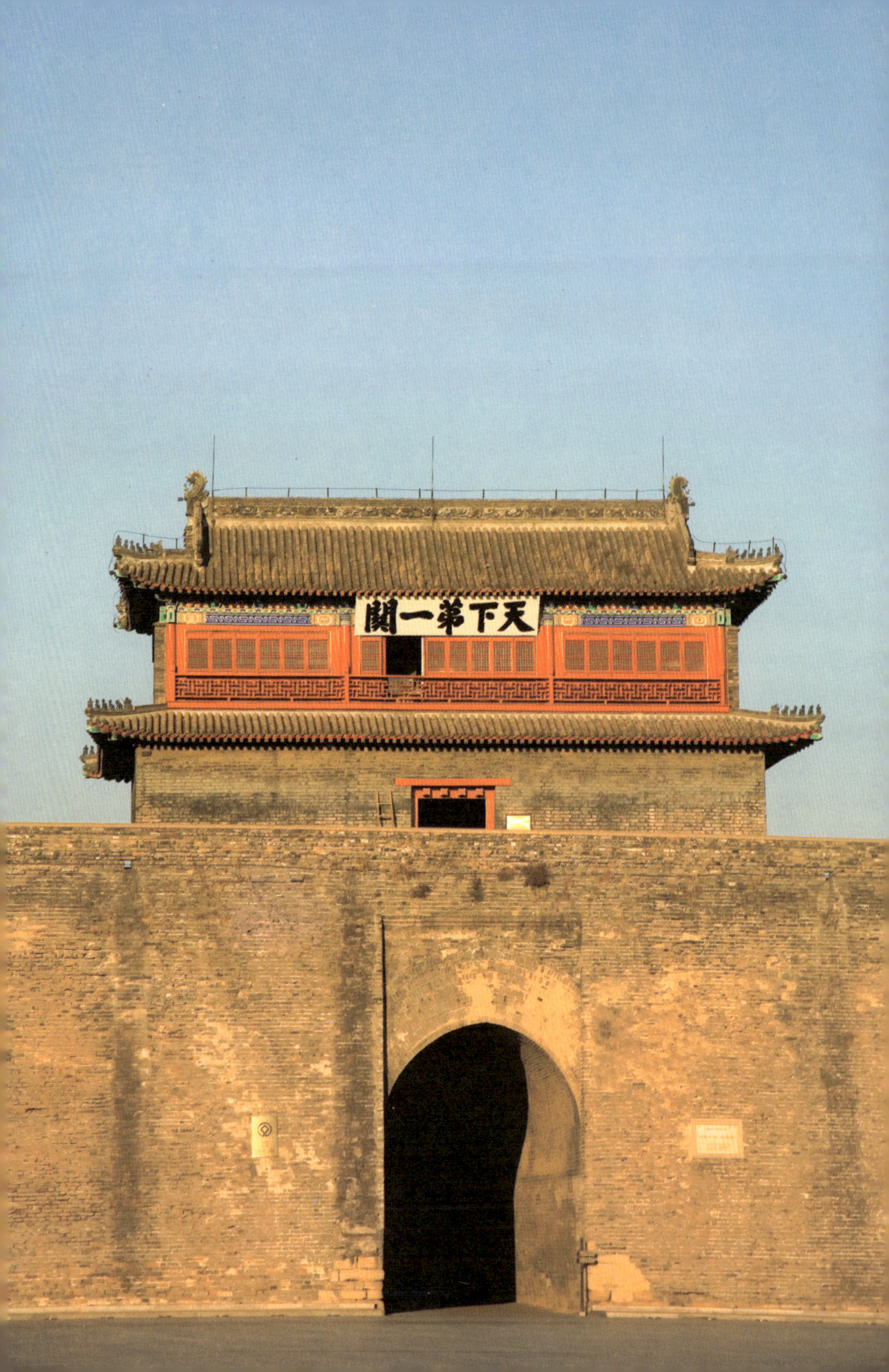
天下第一關

山海关临闾楼

河北秦皇岛

山海关北倚燕山，南临渤海湾，地势险要，是明太祖洪武十四年(1381年)中山王徐达在此设立卫所修筑长城所建。山海关城东南角与东北角(即关城与南下、北上的长城衔接处)原建有两座角楼，东南角楼名魁光楼，东北角楼称为威远堂，均为徐达所规划，今仅存遗迹。而在东罗城与关城衔接处，也有两座角楼，北为临闾楼，南为牧营楼(又称靖边楼)。二楼早已倾毁，今日所见乃近年重修之建筑。

山海关东门楼

河北秦皇岛

山海关东城门原名镇东门，是面向关外的东大门，建筑雄伟，关门以外另建有瓮城和罗城两重防御工事。门楼下部为高大的城台，中辟砖砌券门洞，券门洞原设有高大关门。城台之上建有一座两层的城楼，面宽三间，高13米，单檐歇山顶，下层当心间辟门，上层西面三间装踏扇门，其余东、南、北三面上、下层均开箭窗，共68孔，由东面看来，外形与箭楼相似。城楼上层西向檐下高悬"天下第一关"匾额一方，为明代当地进士萧显所题，今原匾藏于城楼下层，楼外所悬为后人摹刻而成。

雄襟萬里
澄海樓

宁海城澄海楼

河北秦皇岛

宁海城居于长城伸入渤海之处的海滨，城的南门城台上建有一座面阔三开间、高两层的澄海楼。据记载，楼高三丈，广二丈六尺，深丈有八，雄峙海上，是观赏海景的佳处。澄海楼建于明代，清代重修。楼的上层檐下悬明代大学士孙承宗书额“雄襟万里”，下层檐下悬乾隆皇帝所题“澄海楼”匾额。据说清代前期诸皇帝东巡省谒陵寝，回程总要在此停留，登楼观赏海景，饮酒赋诗。惜这座雄踞海洋的崇楼被八国联军焚毁，今日之澄海楼为近年新建。

角山长城

河北秦皇岛

西北奔来的燕山山脉至山海关北5里处嘎然而止，只见角山孤峰突起。角山以其巨石嵯峨，如龙头顶角而得名。由山海关南来的长城，到此昂首沿陡峭山脊盘旋直上，跃上峰顶，并继续向北奔腾，此即著名的角山长城。角山长城墙体高7～10米，顶宽4米，多为砖构，也有石构或依山险为墙而筑成。山头城台、敌楼群立，城体陡险，难以攻取，与山海关、海口关、南水关、北水关、旱门关、三道关及城堡、墩台相配合，成为历史上的重要防御措施。角山山麓原建有角山关，由驻军防守，今关城已毁。

九门口局部

河北秦皇岛

九门口位居山海关以北30里处，又名“一片石关”，地处辽西走廊西端，蓟、辽长城的交界地带，是明代长城的重要关隘之一。因有众山之水注于塞外，故长城墙垣辟水门九道，遂名“九门口”。图为九门口水门之一，水门造型奇特，为券形门洞，左右另设向外凸出之墙垣，以增加城墙厚度，巩固墙体。水门之上辟矮墙与枪孔，以利防卫。水门及城垣均为砖、石砌筑而成，结实稳固，是军队的防守重地。

九门口长城

河北秦皇岛

九门口城关建于长城里侧，其防御工事包括敌楼、烽火台、战台、信台、便民楼等多种设施二十余处，这些防御工程大多已残毁不堪，但在断垣残壁之间仍可想见当年雄风。今日的九门口为近年新建而成。长城自九门口蜿蜒而上，顺山势升高，秋、冬之际，在苍茫的天地之间，只见长城绵延于群山之间，宛如一条长龙，消失于遥远的天际。据传明末闯王李自成与吴三桂的“一片石大战”战场即是此地。

望京楼

河北滦平县

望京楼位于海拔近千米的峰巅，属司马台长城，登高远眺，晨曦中可望见北京城郭，夜幕中则可见北京灯火，景致优美。图为高踞峰巅的望京楼，可见与前方长城及敌楼间落差极大，由此可知先人修筑长城时所遭遇之诸多艰困，远眺望京楼，缅怀之心油然而起。远处山峦之间，为绵远延长的长城，曲折回旋于群山之间，气势宏伟，实为中国建筑史上一大奇迹。(**摄影/严欣强**)

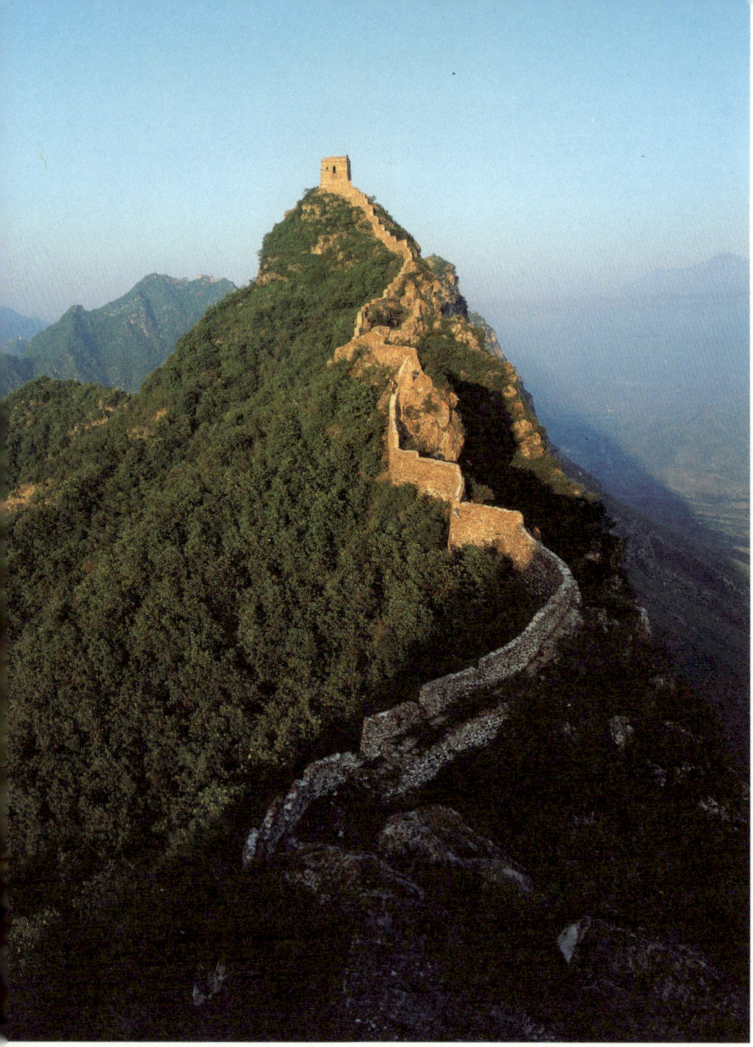

仙女楼远眺望京楼

河北滦平县

望京楼是长城上的一座敌楼，建在高约1000米的老虎山主峰之上。据说登上这座敌楼，天晴时白天可遥见北海的白塔，夜晚可见北京城的灯火，故名望京楼。望京楼对面的山巅上，有一座仙女楼，从仙女楼东眺望京楼，别有一番景致。这两座敌楼遥遥相对，似近在咫尺，但因分别建在两座山峰之巅，实际上难以到达。古人在高山之巅建造两座敌楼，显然是出于军事需要，它们控制着群峰的制高之点，百里内敌情即可一目了然。**（摄影/严欣强）**

司马台遥望金山岭长城

河北滦平县

司马台长城西段与金山岭长城相接，但因金山岭一带山势不如东边的司马台或西边的慕田峪般雄奇险峻，是敌方易于越过、包抄古北口的险要地段，因此金山岭长城城垣、敌楼之构筑格外用心，有不少独到的格局。金山岭之名的由来众说纷纭：有说是因此处山上多生荆条，荆与金谐音，故称金山岭；或曰因筑城时发现藏金而得名；更有认为是戚继光的江浙子弟兵在此修筑长城，为安抚军卒对家乡的怀念，故依江苏镇江金山之名而名之。(摄影/严欣强)

金山岭长城

河北滦平县

金山岭长城是古北口路所辖长城之一段，为明代名将谭纶、戚继光镇守蓟县时主持营造。此地长城防御工事完备，结构特殊，墙体以条石筑基，上砌青砖。城墙于高山处较矮，平川处高达5～8米，墙基宽6米，顶宽5米，垛墙高2米，并将城墙外侧的山坡铲平，用石块砌筑挡马墙。城墙垛口设瞭望孔、射孔、镭石孔。城墙每100米左右设敌台一座，最近处两敌台间距离仅50～60米。金山岭长城构筑复杂，是古北口长城重要的防御据点。

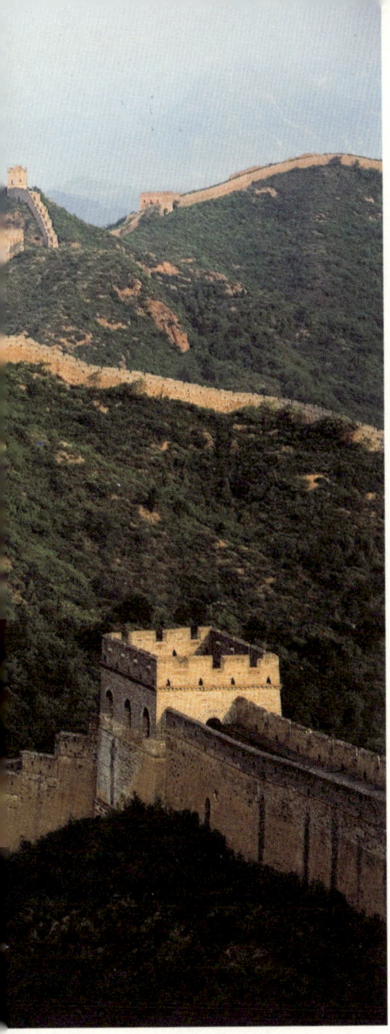

金山岭长城上的障墙

河北滦平县

金山岭长城建于明穆宗隆庆四年(1570年)，长二十余里，沿险峻山势，蜿蜒曲折，高低隐现，气势磅礴。在金山岭长城墙顶上，接近敌楼之处，往往建有一排排的障墙。这种短墙高2.5米，依城墙梯道的台阶而建构。墙身上砌有瞭望孔和射孔，凭借着这些装置，守卒可以武装封锁墙面，即使敌人已登上城墙，仍可据障墙节节防御，使敌军无法接近敌楼。这种多重障墙的特殊建构是金山岭长城独有的建筑形式。

古北口长城敌楼内部

河北滦平县

古北口是明代京师北出的关口之一(另一出口为西边的居庸关），也是由蒙古草原南下的必经之路。在此修筑长城始于北齐，城垣规模较小，至今遗迹已不多见，现存的古北口长城为明代所营建。关城建于潮河东岸南、北两山之间，垣高10米，周2.5公里，平面为三角形，三面开门。明代在此设古北口路，由参将统辖十五关口及防线内的长城。登上古北口长城，举目远眺，但见燕山群峰之巅，长城起伏蜿旋似游龙，敌台、墩台星布，长城内、外烽火台相望，一派雄伟壮观的气势。(摄影/严欣强)

慕田峪长城城墙与敌台

北京怀柔区

中国古长城始建于公元前3世纪的战国后期，经秦、汉及后代陆续修建，直至明代始进行大规模的修建。长城最初的功能在于划分国界，订出彼此的势力范围，直到后世才成为防御工事。尤其到了明代，北有俺答、沿海有倭寇等外患，始费心思于长城的修筑。尤其成祖之后都城设于北京，对北方的防御更须牢不可破，对长城的修建更是不遗余力，尤以京师附近的长城最为牢固与雄伟。图为慕田峪长城城墙与敌台，蜿蜒直上山巅，气势十分雄伟。

慕田峪长城敌台与城墙

北京怀柔区

慕田峪长城居怀柔区中心北20公里处的山峦岭脊之上，这一带长城以军都山为屏障，是明代拱卫京师北门的重要防线，与居庸关、镇边城等关口构成一个完整的防卫体系。明穆宗隆庆三年(1569年)朝廷调戚继光任蓟州、昌平、保定三镇练兵都督兼蓟镇总兵，加强北方边防。他加厚城墙，增筑空心敌台，巩固了北方的防务，慕田峪长城和敌台即当时在明初长城上的基础上扩建而成，构筑坚固，是一道坚强的防线。

蜿蜒的慕田峪长城

北京怀柔区

在慕田峪关东侧向东北延伸的长城线上，从敌楼处也有一条长城支叉向南伸出，有如一条尾巴，称为“秃尾巴边”，因而形成三道城墙汇于一台(敌台)的壮观场面，这种建构是古人为预防慕田峪关腹背受敌而设置的，充分展现出建造慕田峪长城时设计者的匠心巧思。从山峻岭间，只见慕田峪长城蜿蜒回旋，山岭间隐隐可见城体与敌台盘圜，有如一条飞腾的长龙，气势磅礴，令人赞叹。

慕田峪长城敌台

北京怀柔区

慕田峪是蓟县黄花城路最东的一座关隘，外平内险，城外地势平漫，明初于此建慕田峪关，穆宗隆庆年间戚继光加以重修。慕田峪长城结构坚固，设有许多敌台，墙高7～8米，顶宽5～6米。墙体以长方花岗石修筑，墙面墙顶以青砖包砌。慕田峪长城上的空心敌台高、宽大约12米，分上、下两层，下层为室，上层则建望亭。突出在城墙之上的敌台，矗立于蜿蜒曲折的长城之上，为绵长的长城增添了另一种风味。

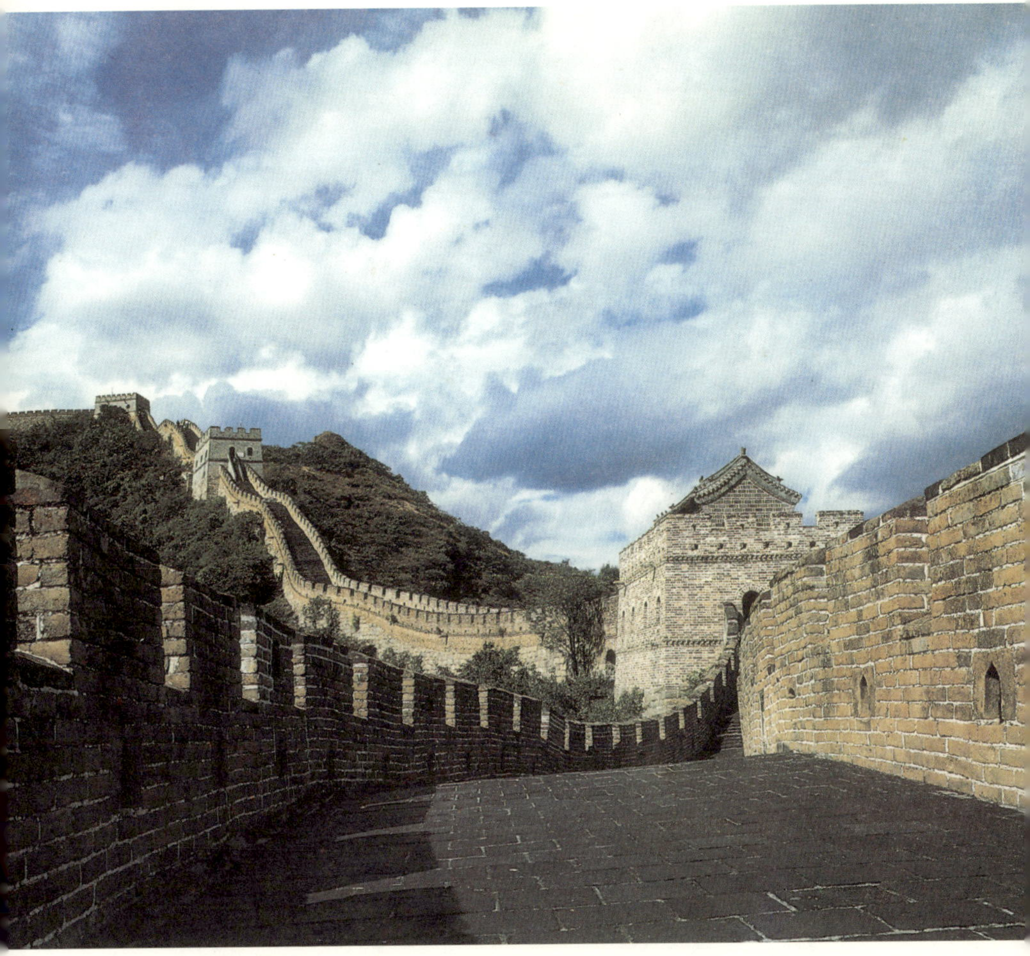

慕田峪长城墙顶与战台

北京怀柔区

慕田峪长城墙顶宽5～6米，两侧均设有城砖砌筑的垛墙，垛墙上开设射孔，以供兵士防御进攻的敌军。慕田峪一带因山势平缓，因此敌台林立，最近距离均不足50米。图为慕田峪长城城墙顶部马道及墙垛，可明显看出墙垛下方的射孔，远方战台与数座敌楼亦清晰可见。蜿蜒的长城，盘旋在丛山峻岭之间，宛如一条游弋在绿色海洋的巨龙，在中国古代负起保疆卫土、捍卫家园的重责大任，是中原地带一条重要的防卫线。

建于高峰上的慕田峪长城敌台

北京怀柔区

慕田峪关一带山势平缓，但过了慕田峪关后，长城即依山势攀缘而蜿蜒曲折，形成绿色山脉中的一条巨龙。在群山峻岭中，长城绵延不断，更在地势险要的分水岭上筑造敌台或敌楼以防御外敌的进犯。图为高峰之巅的慕田峪长城敌台，雄踞山头，傲视四方，是最佳的守备及战略要地，古人在边城防御所花费的心力由此可见一斑。在科学昌明的今日，长城虽已失去昔日的防御功能，但在倾圮的墙垣之间，仍可想见当年的辉煌事迹，感念先人的毅力。**(摄影/严欣强)**

慕田峪长城敌台

北京怀柔区

慕田峪长城敌台多建在险崖之上，突出于众峰之巅，气势非凡，十分壮观。这些敌台基层由大块条石垒筑，上部以青砖构筑。敌台下层设有瞭望孔和射孔，有梯道或软梯以供守卫兵士上下。上层四缘设垛墙，作为守军防备的障依。长城以外，是古代匈奴、蒙古人或俺答等北方民族聚居之所，长城之内，则是中原地区。为捍卫中原，因此历代迭修长城，以期能达到防卫的功能，在修葺上也格外用尽心思，以达到守备的最高功能，长城的敌台，即是此类功用中的极致体现。**(摄影/严欣强)**

八达岭长城

北京延庆县

八达岭是长城的一个隘口，其关城为东窄西宽的梯形，建于明弘治十八年(1505年)，嘉靖、万历年间曾加以修葺。关城设有东、西二门，东门额题“居庸外镇”，西门则为“北门锁钥”，八达岭长城即由北门锁钥开始，南北延伸，宛如游龙啸天，盘旋于燕山群峦之中，首尾不见，其磅礴气势，令人惊叹不已。绵长的墙体之间，每隔200米左右即有一座敌台雄踞于城垣之上，益显出八达岭长城森严的壁垒、坚强的防御。(摄影/张晓晨)

八达岭长城敌台与城墙

北京延庆县

八达岭长城是明代长城中保存最完整的一段，墙身高大坚固，城墙下部使用条石，上部则以大型城砖砌筑，内填泥土和石块。城墙顶部路面以方砖砌筑，嵌缝严实，地势陡峭处则砌成梯道。城墙平均高7.8米，有些地段甚至高达14米。墙顶上靠外侧一边，筑有齿形垛口，垛口上设瞭望口，下有射口，射口稍向下倾。墙面另设有排水沟和吐水嘴，以利城墙顶部雨水或其他水分的倾泻。图为八达岭长城敌台与绵延不尽的城墙。

八达岭附近长城平面图与剖面图

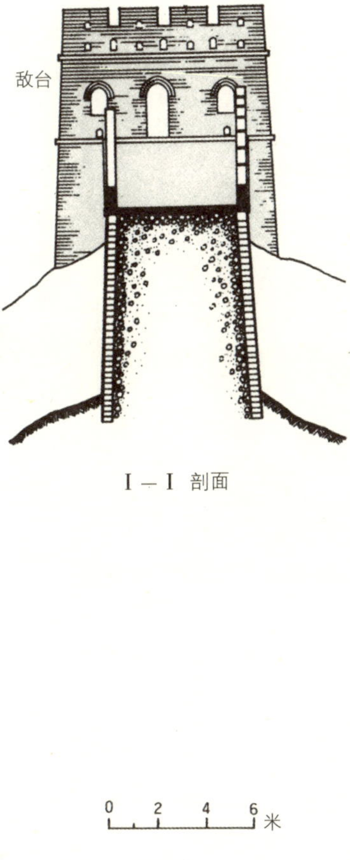

I — I 剖面

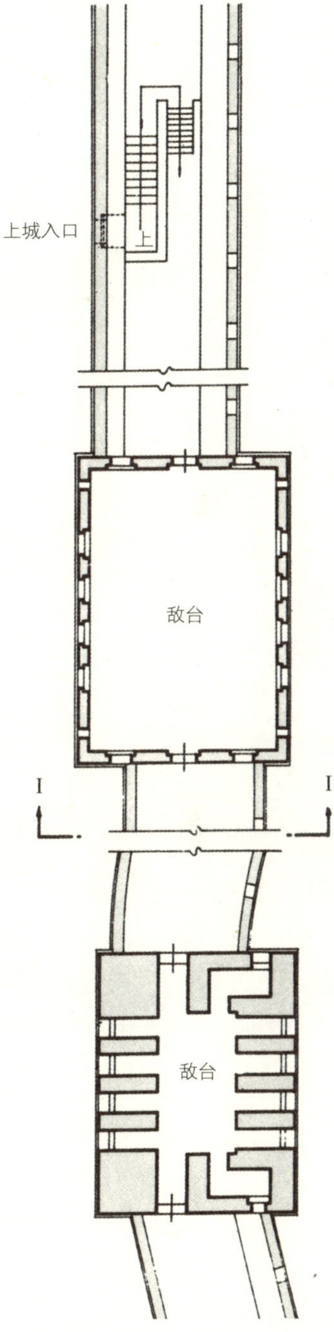

八达岭长城敌台

北京延庆县

长城上每隔一段距离后，会筑有一高出墙头的方形城台。城台分墙台、敌台及战台三种：墙台台面与墙顶齐，外砌垛口，内筑宇墙，上有简屋，供巡逻放哨躲避风雨之用；敌台分上、下两层，下层设砖砌空间，可容十余人住宿，上层设瞭望口及射口，并备有燃放烟火的设备；战台一般修筑在险要处，外形与近代碉堡相似，共分三层，下层为无窗的高台，中层是储存兵器、物资的空室，并有箭窗射口，上层四面置垛口，中建“楼橹”，供瞭望用，由收放绳梯上下。图为八达岭长城敌台。

居庸关云台

北京昌平区

云台系居庸关城中街塔的基座，建于元至正二年至五年(1342～1345年)，以白色大理石(汉白玉)砌筑而成，下大上小，有明显收分。底宽26.8米，顶宽25.2米，进深12.9米，通高9.5米，台中开券门，门道可通马车。据造塔功德记文载，原台顶建有三座并列的喇嘛塔，早已毁坏，明代在台上建有殿宇，今仍留有遗迹可寻。台顶四周绕以白石栏杆及吐水龙头，栏杆地栿之下饰璎络串珠、兽面等装饰性平盘，雕饰精美，极具艺术价值。

居庸关云台四大天王像之一

北京昌平区

居庸关云台基座正中的券门为八边门，其上镌有极珍贵的元代石雕。券洞顶部正中雕五曼陀罗，顶部斜面两侧雕十方佛及千佛。券洞四隅雕四大天王，造型各异，神态栩栩如生。两壁天王之间，还雕有梵、藏、八思巴、维吾尔、西夏、汉六种文字的佛经和造塔功德记。这些以藏传佛教为题材的雕像、图案，雕工精细，形象生动，意态逼真，手足、眉目传神，各种花草及佛物图案，亦皆雕刻细致入微，为现存元代石雕艺术的珍品。

居庸关长城与敌台

——北京昌平区

居庸关是长城三大名关之一，属蓟县长城西段，由延庆四海冶往西的长城，则另属宣府镇管辖。居庸关长城东起门家谷口，西至糜子谷口，东西长150里，设隘口二十余处。关城建在关沟之中，是明代京师的重要交通要道。明初徐达曾于此修筑关隘，“土木之变”以后，于谦倡言加修此段京师藩篱的长城关塞，依山建墙筑台。城垣高7～8米，有些地方高达14米，墙厚5～6米，顶宽逾5米。因城体较宽，又建于危崖，更显出居庸关的雄伟壮观。(摄影/严欣强)

关沟长城敌台内部

北京昌平区

居庸关位于北京城西北，为古北京西北的重要屏障，其名得于秦始皇时曾“迁徙庸徒”于此。居庸关两旁高山耸立，中间是一条长逾30里的关沟，关城建在沟的中间，东、西两面依山筑城，形势险要，为历代兵家之地。其外设南、北两个外围关口，南面称为南口，是关沟的入口，北口即八达岭，历代均将此作为防守重镇。图为关沟敌台内部，为空心式敌台，下层设拱券形箭窗数个，上层则设垛墙及射孔，以利兵士屯聚及防守，敌台结构十分牢固。(摄影/严欣强)

关沟长城敌台

北京昌平区

居庸关自古以来即为重要战场，形势险要，建筑坚固，为兵家必争之地。其上敌台多为空心敌台，为上、下两层建构，高十余米，因山势布列，骑墙部分突出墙外，以便从两面夹击敌人。有些敌台上建有楼橹，台缘环建垛墙。下层开箭窗多孔，最多者高达11眼，中间为许多不规则墙体。每座敌台设台长一员，兵卒六十人，一半人员守垛墙，一半人员守台。明代时，每台配备佛郎机八架，神枪十二根，铁顶棍八根，大小礌石若干，并有号旗一面，木梆、锣、鼓各一具。（摄影/严欣强）

宣府镇镇朔楼

河北宣化县

明太祖洪武二十七年(1394年)扩建宣府镇，成祖永乐七年(1409年)设镇，置总兵官。镇城原辟有七座城门，周二十四里，军籍户多达二十三万户。镇朔楼为宣府镇鼓楼，以明代宣府镇总兵官为“镇朔将军”衔而得名。镇朔楼建于明英宗正统五年(1440年)，高15米，重檐歇山灰瓦顶，台座高逾8米，有南北券门可穿行。楼上檐下北向悬清高宗书题的“神京屏翰”匾额，南向匾额为“镇朔楼”三个大字。其右方50米处，有“古上谷郡”石坊一座，因秦始皇时宣化为上谷郡地。

宣府镇清远楼

河北宣化县

宣府镇在今宣化县城，明初为朱元璋十九子谷王封地。清远楼是宣府镇内的钟楼，位于镇城的中心。楼的台座由砖构梁为十字形拱券洞，四向通达。台座高7.5米，四向的门洞上分别题刻“昌平”、“安定”、“广灵”、“大新”的榜额。楼台上建有一幢三层楼阁，高17米。楼体四面出抱厦，平面成十字形，周围廊。楼顶一二层为灰瓦顶，第三层为绿琉璃瓦顶。楼上檐下四面各悬匾额一方，楼内悬挂一口明嘉靖年间铸造的铜钟，每当钟响，声闻方圆四十里，洪亮动人。

鎮朔樓

张家口大境门

河北张家口

大境门始建于明初，宪宗成化年间又增建，清代筑城楼，为扼守京都之北门，并在东侧开小境门，今已拆除。大境门是一座石基砖砌筑拱券门，高12米，宽9米，顶部为宽7.5米、长12米的平顶城台。台顶外缘筑有高1.7米的垛墙，内缘筑有宇墙。大境门为连接边塞与内地的交通要道，自古即为兵家必争之地，也是汉、蒙民商贸易的货物集散地。门楣题有“大好河山”四个楷体大字，为清察哈尔都统高维岳手书。

张家口大境门攀山长城

河北张家口

大境门位于张家口北不远处的长城线上，原为明代长城关隘之一。此段长城建于明宪宗成化二十一年(1485年)，城墙下宽6米，上宽5.4米，墙顶外设垛口，内砌宇墙。古老的长城有如两只张开的巨臂，从大境门东、西两侧沿着巍峨的山势，伸向东、西太平山，构成一道天险，是明京师北面外缘长城的第一要冲。长城以外群山叠嶂，由峡谷可直通坝上而达蒙古草原，是南屏京畿的重地。图为由大境门望长城，在断垣之间，可见山头的烽火台。

平型关门洞

山西灵丘县

平型关居灵丘县以西，北界北岳恒山，南临著名的佛教圣地五台山，是晋、冀间西进雁门、东出冀西的交通要冲。平型关以其地形如瓶得名，金代于此处设瓶形砦，明武宗正德六年（1511年）建关。因平型关附近峰峦巉岩，溪谷深邃，地势极为险要，素为兵家争战之地。关门额书“平型岭”三个大字，明神宗万历年间又曾重修，属雁门关防御系统东翼的一座关防。数经兵燹，今日的平型关大多已毁损，但仍可见其关险之迹。

雁门关

山西代县

雁门关是明代拱卫京师要隘的晋北长城外三关之一，建于代县西北20公里的雁门山腰。其地峭绝壑深，两山对峙如门，仅于中间有路盘曲穿城而过，异常险要。古长城曲折蜿蜒攀行于悬崖断壁之上，山巅敌台罗布，长城防线内外城障、墩台守望相接，加上多重墙垣(最多达25道石墙)、众多隘口(有18个隘口)，实无愧为“九塞尊崇第一关”。关城平面近方形，垣高二丈，周长二里，石基座砖构墙体。关城早已倾毁，仅存三个门洞，今之东门楼为近年重建。

宁武关

山西宁武县

宁武关古为娄烦，地处四山汇集之处，位居长城外三关之中路，关山险要，是内长城重要关隘。明宪宗成化二年(1466年)筑关城，后又陆续增修，砌筑砖城。城墙高11米，周长2公里，呈椭圆形，状如凤凰，俗称凤凰城。城外挖有壕堑，城的东、西、南三面辟门，城台上均建有城楼。明弘治、万历两代又扩建城垣，加辟北门，并在东、西城门外砌筑瓮城。城外山头上烽火台连属相接，东卫雁门，西援偏关，是晋北的战略要地。图为宁武关鼓楼。

镇北台入口梯道

陕西榆林县

镇北台是明代为保护红山马市而建造的大型敌台，位于榆林城北5公里的红山顶上，建于明神宗万历年间。台为方形，四层，高逾30米，远望如同一座方塔。台基边长64～82米不等，各层高度不一，每层墙台均由青砖包砌，台缘建有墙。墙面从下到上收分明显，造型浑厚稳重。第二层南向设一拱门，是登台的唯一磴道。为了采光、通风，拱门东、西辟有上、下错位的窗口。拱门券上嵌有建台巡抚涂宗浚手书“向明”阴刻横额一方。

晨曦中的嘉峪关

甘肃酒泉县

嘉峪关是明代长城西端的重要关隘，属甘肃镇肃州卫管辖，因建于嘉峪山之麓而得名。嘉峪关东连酒泉(肃州)，西邻玉门，北枕黑山，南以祁连山为屏，正当河西走廊西端的通道上，是著名的河西重镇。关城平面呈方形，面积25000平方米，周长640米。关城西、北、南三面墙外侧筑有罗城，罗城外挖有护城河。晨曦中的嘉峪关，关城轮廓清晰地展现在霞光之中，高大的城楼与绵长的城墙相互辉映，呈现防卫功能之外的美感。

嘉峪关角楼及罗城箭楼

甘肃酒泉县

嘉峪关城头外缘砌有高近2米的垛墙，每垛左侧开一瞭望眼，内缘砌宇墙。城墙四角处建角楼(戍楼)，高逾5米，底面积30平方米，为两层单间式，平顶，台顶平台四周建垛墙，形如碉堡。底层一面开砖拱小门，另三面设窗，楼内设木梯登台顶。关城的西外侧建有一道厚墙，厚墙南、北端各建有一座高5.6米的箭楼。箭楼西向开豁口，其他三面筑矮墙。箭楼为瓦顶，脊饰龙头瓦。自箭楼向东，沿关城南、北墙外侧所筑的矮墙，即是关城的罗城。

嘉峪关
光华门

甘肃酒泉县

嘉峪关关城设有东、西二门，两门遥遥相对，形制相同。西门题额“柔远门”，意在怀柔边陲诸民族；东门题额“光华门”，意为紫气东来，光华普照。两门洞基础和过道均为大块条石砌筑，门洞为砖砌拱券式，深20.8米，宽4.2米，原设有双扇黑漆大门。两门台内北侧建有登城马道，长24.7米，宽2.8米，砌有砖踏步直达城顶。城台上建有三层三檐式木构楼阁，高17米，一、二层外周围设回廊，三楼四周均装隔扇窗。图中左侧为光华门，右侧为柔远门上楼阁。

嘉峪关朝宗门

甘肃酒泉县

嘉峪关城为黄土夯筑，只在城头、城台、敌楼等处用砖砌筑。而在其东、西城门之外，另建瓮城。瓮城为方形，面积550平方米，夯土版筑墙体，与关城同高，城头及垛墙亦以砖垒砌。两瓮城均南向开门，门洞为砖砌拱券式。瓮城门台上各建阁楼一座，高5.7米，为一层小三间式，东瓮城门楣题刻“朝宗”，西瓮城门楣刻“会极”。两楼形制相同，结构简洁明快，美观大方。图为嘉峪关东瓮城的朝宗门。

玉门关
小方盘城

甘肃敦煌县

小方盘城堡位居敦煌西北80公里处，可能是玉门关城外的一处小城堡。小方盘城附近有大方城，后者为汉至魏晋时期中国西部防线储备粮秣的军需仓库。玉门关相传是和田玉输入中原之路，也是丝绸之路北路必经的关隘，战略地位十分重要。小方盘城现存城垣完整，平面呈方形，边长约23米。城堡残基宽3米，顶部残宽逾2米，残高逾11米，孤零零地立于荒漠的大地之上，举目苍茫，益显出时代更迭的痕迹。

小方盘城入口

甘肃敦煌县

小方盘城城墙为黄土夯筑，夯层厚约8厘米，采交换夯筑法，没有竖向接缝，南、北墙各开一门。城北坡下有东、西大车道，是历史上中原和西域诸国来往过乘及邮驿之路。由小方盘城北望长城，犹如龙游瀚海；俯仰关外，大地苍茫，人烟罕至，有“前不见古人，后不见来者”之怆然感受。图为小方盘城入口，由残迹中可见当日雄风，断垣残壁之间，昔日英姿犹在，由厚实的城墙，更可想见过去筑城之用心，期之成为中原西防要塞。

玉门关烽燧平面图

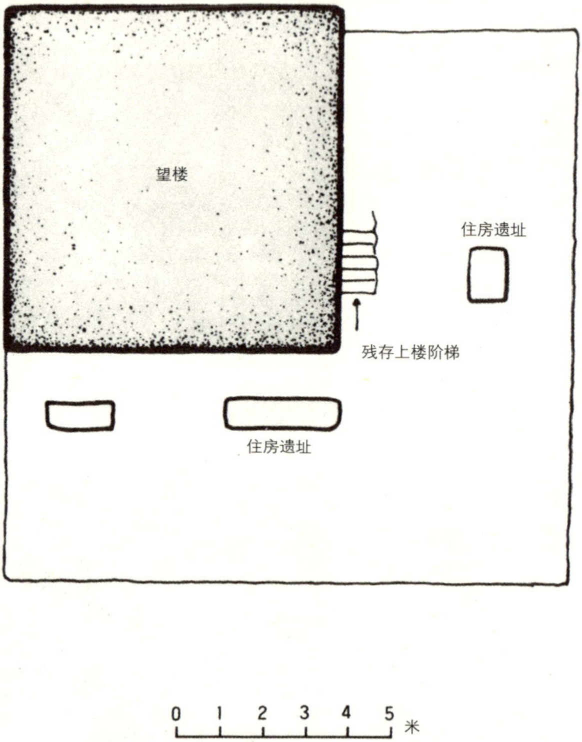

玉门关位于甘肃敦煌县城西北80公里处，相传和田玉经此输入中原，故名。现在城垣完整，呈方形，东西宽24米，南北长26.4米，残垣高9.7米，皆为黄胶土版筑，面积633平方米，西、北墙各开一门。城北有东西大车道，是历史上中原和西域诸国往来的交通要冲。玉门关地处苍茫荒野，人迹罕至，所以唐代诗人王之涣诗云："春风不度玉门关"。

玉门关城堡遗址平面图

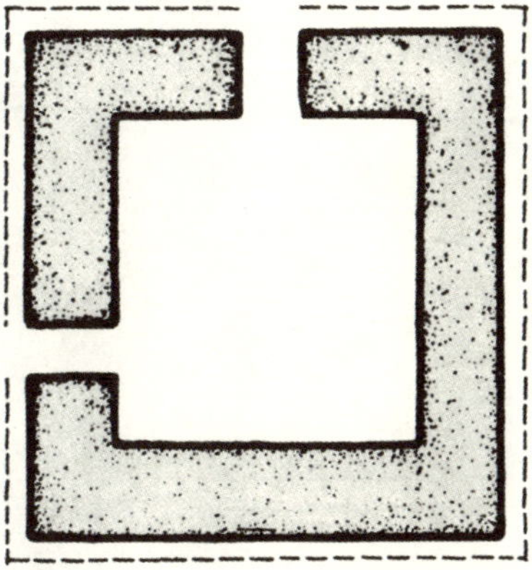

玉门关城堡遗址剖面图

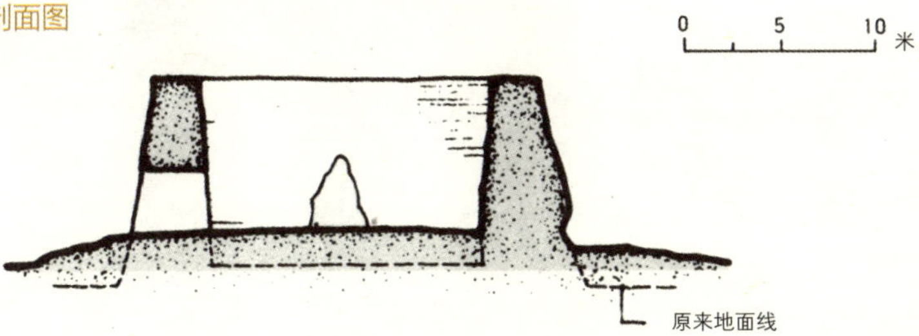

北京城正阳门箭楼箭窗

北京

箭楼是北京正阳门瓮城上的城楼，始建于明英宗正统四年（1439年），数百年来屡遭火灾，几度重修。公元1916年拆除瓮城时对箭楼又作了改建，增加了箭窗上的弧形遮阳板。城墙四周的水泥栏杆及墙上装饰虽非原物，但城楼体型仍维持原样。箭楼屋顶形式和开间与城楼相同，但出于战守所需，在东、西、南三个临敌面墙上及两檐间，开设箭窗四层，共82孔，便于防守。

北京城正阳门城楼

北京

正阳门是明、清北京城南垣的正门，民间俗称前门。整组建筑群由北向南分为城楼、瓮城和箭楼三部分，现仅存城楼与箭楼。正阳门城楼始建于明成祖永乐十九年（1421年），今日所见的城楼几经沧桑，早已不是原有风貌。城楼建于宽50米的齐墙平台上，通高42米，面阔七间，周围廊，重檐歇山顶。上层中三间前、后装菱花槅扇门，下层中间开门。上、下两层檐下梁枋均饰锦文枋心的旋子彩画，与檐下红墙、红柱、红门窗形成强烈对比。

北京城东南角楼

北京

北京的城墙，除在四面城门上建筑城楼之外，并在城的转角上建造城楼用以加强防御措施，即形成北京城的四座角楼。东南角楼是明、清北京故城仅存的一座角楼，位于建国门南侧，北京火车站东南。东南角楼始建于明成祖永乐十五年（1417年），明英宗正统四年（1439年）正式落成。角楼平面呈曲尺形，为一重檐歇山转角楼，建在东、南两城墙向外推出30米的巨大城台上，整体建筑宏伟壮观。

从北京城城墙上看东南角楼

东南角楼外观高四层，直接坐落于城墙上，重檐歇山顶，在两条屋脊相交处饰以宝顶，连城墙通高29米，于转角内侧两面辟门。楼内并列两排二十根高大的金柱，外金柱一侧由承重枋隔为四层，每排承重枋之间又由四根并列的方木横向连接，上铺楼板，守城士卒站在其上可透过外侧临敌面的四层箭窗向外瞭望或射击。屋顶并饰有两个直角相交的歇山顶山花，打破屋顶的单调，也增添了角楼转角处的视觉效果。

从北京城城台看德胜门箭楼

德胜门是明代北京城北面城墙靠西的城门，由城楼、箭楼和瓮城组成，现仅存箭楼和瓮城部分城墙。北京城的北垣无中门，而北门历来被视为最重要的防御城门，这座门不设于中轴线上，是为了避免敌军破门长驱直入。德胜门箭楼东、北、西三个临敌面设有82孔方形箭窗，其箭楼形制与正阳门箭楼不同，其城台不设门洞及城门，这在北京城中是独一无二的。东、西两侧箭窗上饰红色的窗过梁，与屋顶上的红色山花板相呼应，在整座以灰绿色调为主的箭楼中有醒目的美感。

宛平城顺治门

北京

宛平城位于卢沟桥东，原名拱极城，建于明思宗崇祯十三年（1640年），是专为拱卫京师而建的桥头堡，俗称卢沟桥城。宛平城只辟东、西二门，面积仅0.2平方公里，规模既小，也无一般州县城的规制，纯属军事城堡。其两座城门均筑有瓮城，城角设角台、敌楼。自古以来这里是南方进京的门户，历代也曾多次在此发生争战，如日军于卢沟桥挑衅而爆发抗日战争即于宛平城附近。图为宛平城顺治门与瓮城。

平遥城

山西平遥县

平遥城位于晋中盆地，西通秦陇，北达燕京，为古代驿道要站。早在周宣王时，就曾于平遥屯军，明太祖洪武三年(1370年)扩建城池。城周长约13公里，平面呈方形。城墙高三丈二尺，宽一丈五尺，墙体全部用大型城砖包砌，城垣建有敌台72座，台顶筑堞楼(楼橹)，城头之上外侧建有3000个垛口，城的四角建筑角楼。平遥古城虽屡经战火，迭有修补，但明初扩建时的规制与构造，仍然保留未改。图为平遥城城墙与堞楼。

西安城西南城角与圆形角台

陕西西安

西安位于关中平原中部，地理条件优越，为中国历史上六大名都之一。明初为了控制西北，拱卫中原，明太祖将次子朱樉封为秦王，并于洪武十一年(1378年)修筑了西安城。西安城的四角各建有一座角台，在角台之上，原建有高大的角楼，惜已全毁。图为西南角台，外观为圆形，与其他三座方形角台不同。因为明初扩建西安城时，重修了东墙和北墙，城的东南、东北、西北三角必须拆除重建，唯有西南角可以不拆。或许是圆形的西南角台仍保留了先代城垣的形制。

南京城中华门门洞

江苏南京

中华门原名聚宝门，明代南京城乃以南唐金陵城为基础扩建而成，聚宝门即金陵正南门址，前临外秦淮长干桥，从倚秦淮镇淮桥，一向为交通要道，位置极为重要。南京城垣改筑始于元至正二十六年至明太祖洪武十九年间(1366～1386年)，聚宝门的规模与质量为南京各门之冠，也是世界建筑史中罕见的建筑物。中华门设重门三进，与东、西南侧垣墙构成瓮城，用以屯聚兵士、防卫城池。图为中华门门洞，透过层层拱券形门洞，可隐约望见城外景致。

南京城中华门藏兵洞

江苏南京

最初的南京城有十三座城门，后来又增辟八座，共计二十一座门。整个城垣建有战台200座，垛口13616个。中华门是其间体量最大的门，也是明南京城中最雄伟、战守设施最完善的多重瓮城式城门。瓮城内设藏兵洞，共计二十七孔。头道城中、下两层共十三孔，东、西两侧各七孔。这些藏兵洞均为砖石结构，洞门两侧有方形栓孔，下有石门臼，可以开锁。最大的一道在头道门内侧正中，长45米，宽近7米。据说这些藏兵洞可藏兵3000～4000人。

南京城中华门城门楼与藏兵洞

江苏南京

中华门城垣高达20.45米，外表面全以条石垒砌，宽阔的城台之上，建有高大的城楼，城垣外观雄伟坚实，但内部并非坚密夯实的实体，而是两层并列的砖砌券门，形成许多券洞（或称藏兵洞），深邃宽敞，可以驻军及屯聚物资。这种结构既有实用意义，又可减少筑城材料及人力的消耗，为十分高明的做法。瓮城东、西外侧另有宽达11米的登城斜坡道，其下各有七个券洞，用意亦为减少用砖量及储存物资。图为中华门内城门楼下层拱券洞。

南京城中山门

江苏南京

中山门居南京市中山东路东端，其前身为明初宫城东面的朝阳门，为一座瓮城，不利通车。原有水关一座，置有铜铁合铸的巨大涵管和铜制五孔水闸，将护城河水输入城内御河之中。1927年兴建中山陵园大道时，将原朝阳门拆除，把门基挖低，改建为今日所见三孔拱券式的砖门，并在中门洞上嵌“中山门”石额，可通汽车，为通向中山陵的大门。今中山门两侧仍保留明代的城墙，城外还有一段护城河，气势十分雄伟。

苏州盘门全景

江苏苏州

苏州古城始建于周敬王六年(公元前514年)，即呈王阖闾元年，至今已越两千多个寒暑，据传当年由伍子胥“相土尝水，象天法地”建筑的古城早已不存，于今保留了几座城门的旧名称，盘门即其中之一。盘门位于古城西南隅，是古城八门之一。初名蟠门，因为吴王曾令工匠在门上雕刻蟠龙以威慑越国而得名，又因其水、陆参半，迂回曲屈，故又称为“盘门”。现存城门为元至正十一年(1351年)重建而成，明、清两代迭有重修。图为盘门全景。

苏州盘门水门

江苏苏州

盘门陆门南侧，有前、后两道拱券式水闸门，均由花岗岩筑成。四根粗大的石柱支撑着拱顶，以构成高大的门洞，使船只得以顺利通过。门洞由三组高低、宽狭不一的石券筒中夹一个天井组成，前、后分置闸门、木门各二道。受防御水攻，作上下升降的闸门，水下改作可抽动的断砌式木栅，以防敌人潜水而入。在交通上，大运河由北而来，经盘门所在的城墙拐角处折而东流，与水门中所流出的水汇合，使盘门水门在沟通苏州西南城内、外的水运上，有特殊的地位。

苏州盘门与瓮城

江苏苏州

在苏州古城遗迹中，盘门保存得最为完整，包括两道陆门和两道水闸门，两道陆门间由门与墙垣构成瓮城。图为盘门内城城门与瓮城，可见偏西南正面之门上砖刻的“盘门”门额。城门内东侧置有墁道，可循之登城。城墙上内置宇墙，沿外墙置马面、雉堞，开射孔。城台上建重檐歇山式门楼一座，下层为三开间，设周围廊，上层四面开槅扇窗。顶饰灰瓦，装饰古朴，槅扇及板墙饰朱漆，显出建筑上的庄重气势。

荆州城南门城楼

湖北江陵县

荆州城又名江陵城，是明、清时建构的一座砖城。现存荆州城周长逾10公里，东西长3.8公里，南北为1.2公里。全城共辟六门，东、北两面各两座门，南、西各一座门。六座城门之上均建有城楼，东为宾阳、望江二楼，南为曲江楼，西为九阳楼，北为朝宗、景龙二楼，惜多已废圮或改建。图为荆州城南门城楼曲江楼，登上城楼可以观赏从城前东流的长江景致。城楼为重檐歇山两层楼建筑，建于高大城台之上，作为荆州城南面的屏障。

荆州城藏兵洞

湖北江陵县

荆州地处长江流域中游，扼巴蜀之险，据江湖之会，为兵家必争之所，也是中国南方著名的文化古城。现有城墙为清顺治年间依旧基重建，城墙以大块条石筑基，用城砖灌以石灰及糯米浆而成。城墙高逾8米，设26座城台，城垛4567个。荆州城内原构筑四座藏兵洞，现存三座，北城垣有两座，南城垣存一座，其中尤以拱极门(即大北门）东侧的藏兵洞保存最为完好。每座藏兵洞都构筑了射孔与掩体，洞顶上设雉堞，与城墙浑然成一体。

荆州城北门

湖北江陵县

荆州城是中国南方保存得较完整的古城，城楼虽多已倾圮，但城门拱卫，瓮城依旧，尤以清道光十八年(1838年) 重修之北门城楼朝宗楼尚存古朴之制。大北门名拱极门，朝宗楼为其城楼。外城门洞高5.8米，宽4.6米，深10米；内城门洞高7米，宽4.8米，深15米。内、外城门相距32米，瓮城呈半圆形。这座城门是通向中原和长安、洛阳古驿道的出口，古人在此送友北上时常折柳相赠，故此门亦称为折柳门。城台上的朝宗楼则是荆州城六座城门中最雄伟的一座。

大理古城城门

大理古城城门在今大理北30公里处，城门门洞上方嵌刻“大理”二字。城楼建于高大的城台之上，面阔五开间，两层楼式，上层檐下高悬“文献名邦”四个榜书大字。历史上的南诏国、大长和国、大天兴国、大义宁国和大理国都曾建都于此。今日所见的大理城，是明太祖洪武十五年(1382年)修筑的新城。城周长十二里，墙高二丈五尺，厚二丈，四向各辟一门，四角建角楼，并于城外北、南建上关与下关。图为大理城门，矗立于苍宇之间，与远山相互辉映，更显其壮观。

文獻名

李成梁石坊

辽宁北镇县

石牌坊建于北镇县城内鼓楼前大街，为三间四柱五楼式牌坊。坊高9.3米，宽13米，通体为紫色花岗石雕造，仿木构。楼顶斗栱、挂落、栏板上浮雕山水、人物、鸟兽、花卉、云气、双龙戏珠、鱼跃龙门等纹饰，雕工精细。牌坊的中间檐下有竖额，额题“世爵”两个大字，上层大额横刻“天朝诰券”，下层大额题刻“镇守辽东总兵官太子太保宁远伯李成梁”。石坊乃明神宗朱翊钧为表彰李成梁镇守辽东的功勋，特命辽东巡抚周咏所建造。

祖氏石坊

辽宁兴城县

在宁远卫城鼓楼至延辉门(南门)的大街上，有一座三间四柱五楼式石牌坊，名为“登坛骏烈”坊，是明思宗崇祯十一年(1638年)为表彰镇守关外的大帅祖大乐而修建的。坊高11.5米，宽13米。南大街上另一座形式大体相同的石牌坊，是明朝廷为表彰祖大乐之兄祖大寿而建立的，名“忠贞胆智”坊。两坊相距约百米，同为赞扬祖氏兄弟功勋与忠心而建，未料崇祯十五年（1642年)松山之战时，二人叛明降清，此事遂成为历史上的笑柄。

宁远卫城鼓楼

辽宁兴城县

宁远卫城即今之兴城县城，清代称为宁远州城，是中国现存古城中较完好的一座。城设四门，现仅存西、南二座。门外设瓮城，城内设鼓楼。鼓楼坐落在城的中心，居四门十字街的交叉口上，平面呈正方形。基座为砖构建筑，四向辟有拱券门洞。鼓楼立于高大宽广的基座之上，为木构建而成，面阔五开间，高两层，卷棚歇山顶，下层设周围廊，上层四周开窗。鼓楼是宁远卫城的制高点，与东、西、南、北四座城门遥遥相对。

宁远卫城东门

辽宁兴城县

宁远卫城位于辽东湾西岸，居辽西走廊西段，是山海关外重镇之一。古城城池至今完好，鼓楼、文庙犹在，街巷格局依旧。宁远卫城建于明宣德年间(1426～1435年)，天启三年(1623年)和清乾隆四十六年(1781年)两度重修。城平面呈方形，墙体外砌青砖，内垒巨石，中填夯黄土，底宽6.5米，顶宽5米，高10米，周长2200米。城四向开门，城台上建有城门楼。图为宁远卫城东门春和门，始建于明宣德年间，今之城楼为近年新建。

古格王国遗迹

西藏札达县

古格王国遗址位于喜马拉雅山下的象泉河畔，地处阿里地区札达县不让区境内。遗址为一古代城堡，建筑在一座突起的小山上，北临象泉河，东、南、西三面环山，形成天然屏障。建筑群由位于山顶的王宫，以及东北缓坡上的寺庙和北部、西北部的山麓、山坡上的民居组成，防御建筑分布在这许多建筑物之间。整个遗迹面积约18万平方米，包括三百余座房屋和三百余孔窑洞，并有三座高逾10米的佛塔，整座城堡规模宏大，十分壮观。

古格王国王宫遗址

西藏札达县

王宫位于山顶，平面为不规则形，面积达7150平方米，四周沿悬崖砌筑防御性土城，上设碉楼。宫城分为四部分，北部是居住区，有冬宫和夏宫，冬宫为一组地下宫殿，距山顶约12米，由一条长13.5米的梯道与地面联系。地宫入口附近还有一条通道通往后山，并与取水洞连通，是紧急时逃走的暗道。中部是宫廷佛堂，佛堂以南是一组规整、宽广的建筑群，传为王国集会厅。山顶南部另有一广场，四周环以墙垣，可能是举行大型宗教活动的场所。

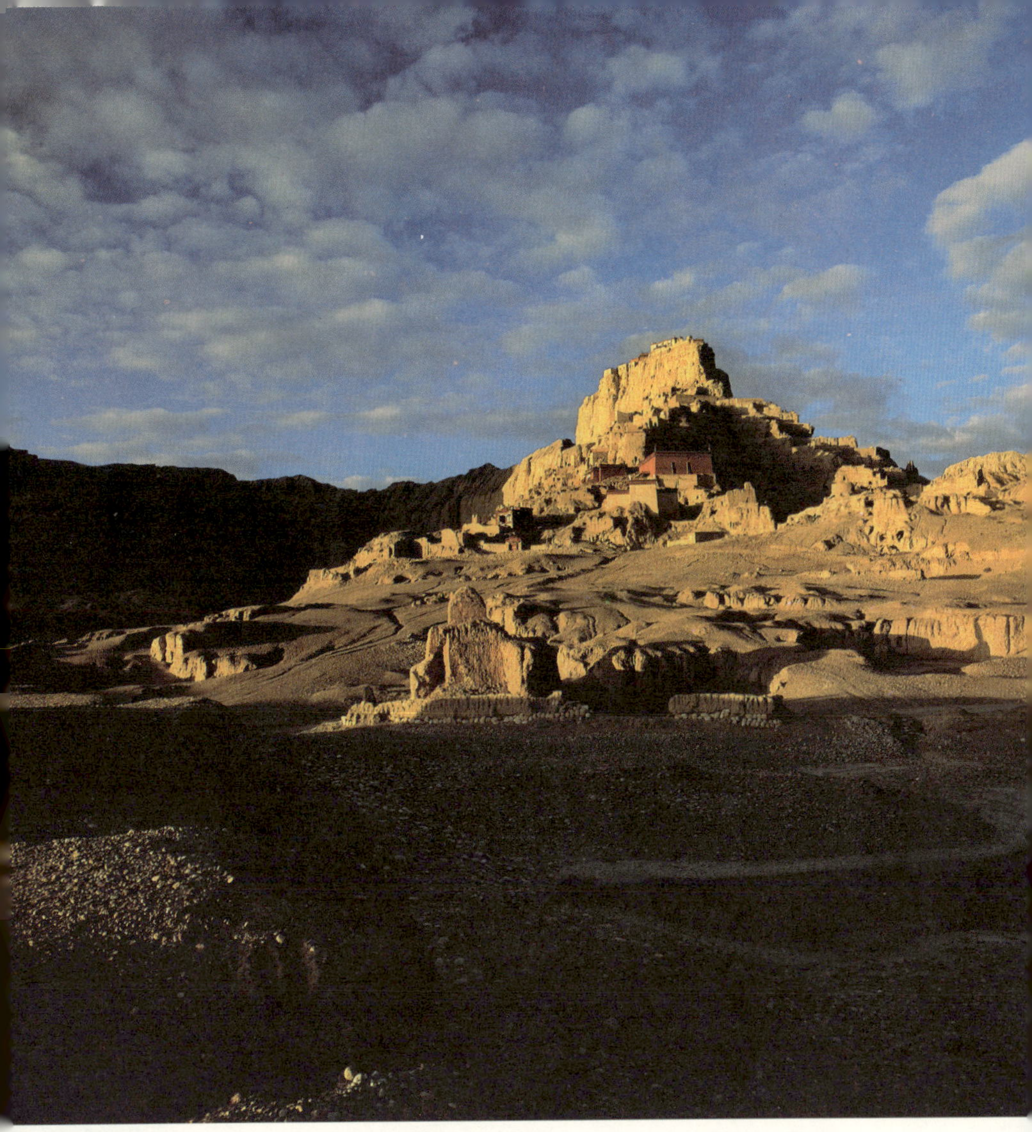

古格王国红佛殿残迹

西藏札达县

红佛殿藏语称“拉康马布”，俗称红庙，因建筑外墙涂以红色而得名，位于古格王国遗迹山坡北麓。平面呈方形，共设房间42间，面积426平方米。殿内立柱30根，成网格状规整排列，柱高5.3米。墙体由土坯垒筑，东墙面辟设大门，门框上雕刻纹样繁多，极为精美。殿的四壁及顶棚绘满壁画，面积约380平方米。除佛教故事之外，还绘有古格历代国王、后妃的画像和宫廷生活图，这些壁画由不同角度反映了古格王国的社会生活。

古格王国
坛城殿外梁头

西藏札达县

坛城殿和佛殿是古格王国王宫中的两座地面建筑，属中部的宫廷佛堂建筑群。坛城殿远望为一座方形土台，面积约35平方米，殿中无立柱，墙体由土坯垒砌，基宽0.7米，顶宽0.5米，有明显收分。坛城屋顶由木梁构成，木梁即置于土坯墙上，梁头穿出墙外，露出墙外的梁头还加上精美的雕饰，外墙面与梁头并涂以红色。殿内中心部位为一座直径约5米的圆形座台，台上方城内原来可能有一座立体坛城(曼陀罗)。

古格王国残垣

西藏札达县

公元10世纪前半期，吐蕃王朝宣告崩溃，西藏地区陷入混战割据的场面，吐蕃王朝第九代赞普朗达玛的重孙吉德尼玛贡率众搬迁到喜马拉雅山下，建立起古格王国。数百年间，古格臣民勉力经营这块位于边远地区的小国土，兴建壮观的建筑，可惜今日已不复见其全貌。关于古格宫堡的被毁，有各种传说，加之遗址中无头的佛像和无首缚臂的木乃伊等离奇故事与引人遐想的实物，更为古格王国蒙上一层神秘的面纱。图为丛山间的古格王国建筑残垣。

交河古城城内残迹

新疆吐鲁番

交河古城遗址在吐鲁番市西约10公里处的雅尔湖乡，位居两条古河床交汇处的土崖上，故名交河，又称雅尔湖古城，当地人称之为“雅尔和图”，意为崖城。西汉前后用兵30年，五征车师，终于得以驻屯军队，与车师前王共同管理交河城。公元6世纪初，曲氏高昌在此建立都城。唐灭曲氏，置交河县，并设安西都护府，至此，交河这个丝绸之路上的重镇，进入最繁荣时期。今日所见交河古城遗址上的建筑，约建于唐及以后各代，图即为交河城内残迹。

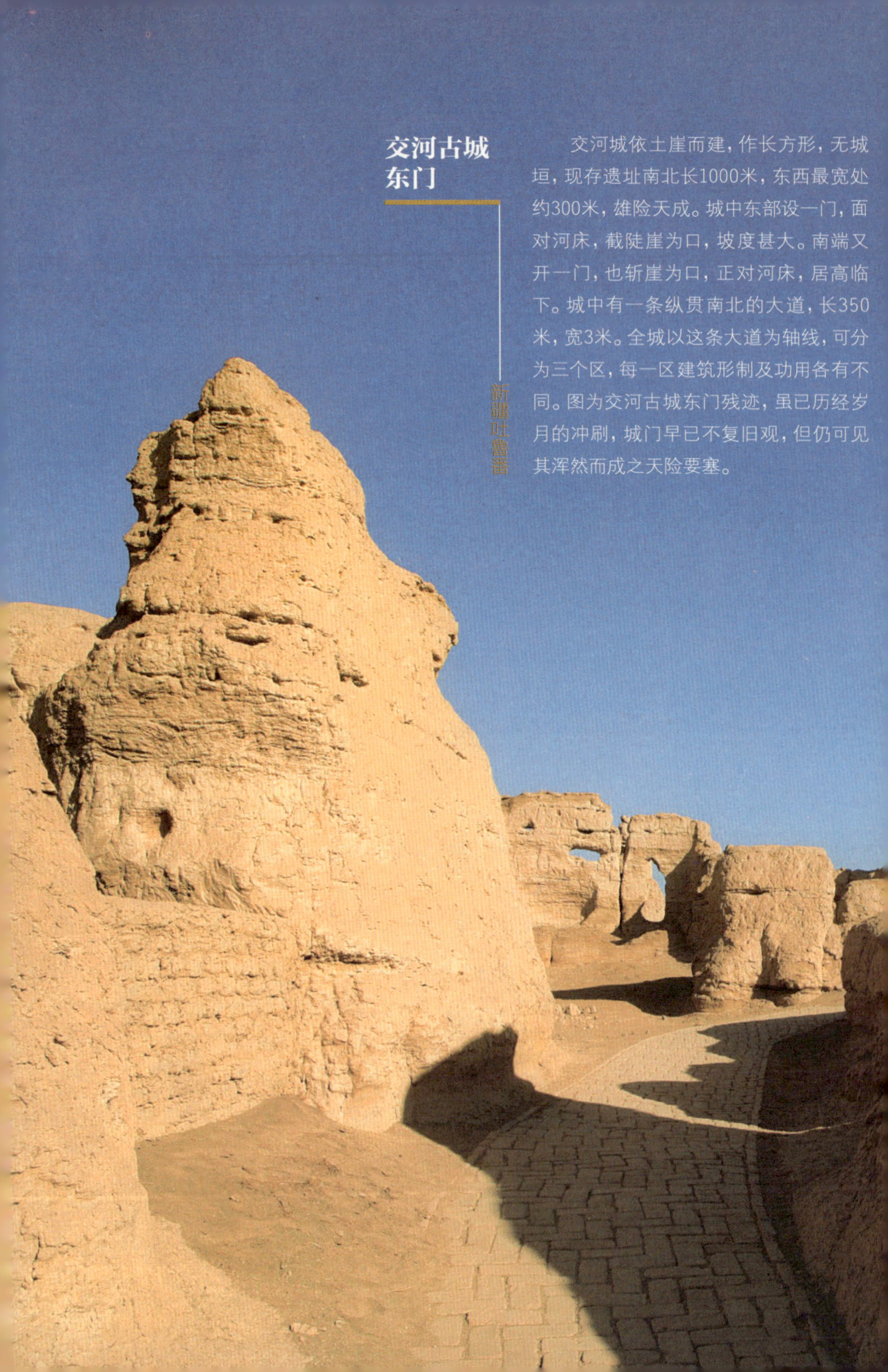

交河古城东门

新疆吐鲁番

交河城依土崖而建，作长方形，无城垣，现存遗址南北长1000米，东西最宽处约300米，雄险天成。城中东部设一门，面对河床，截陡崖为口，坡度甚大。南端又开一门，也斩崖为口，正对河床，居高临下。城中有一条纵贯南北的大道，长350米，宽3米。全城以这条大道为轴线，可分为三个区，每一区建筑形制及功用各有不同。图为交河古城东门残迹，虽已历经岁月的冲刷，城门早已不复旧观，但仍可见其浑然而成之天险要塞。

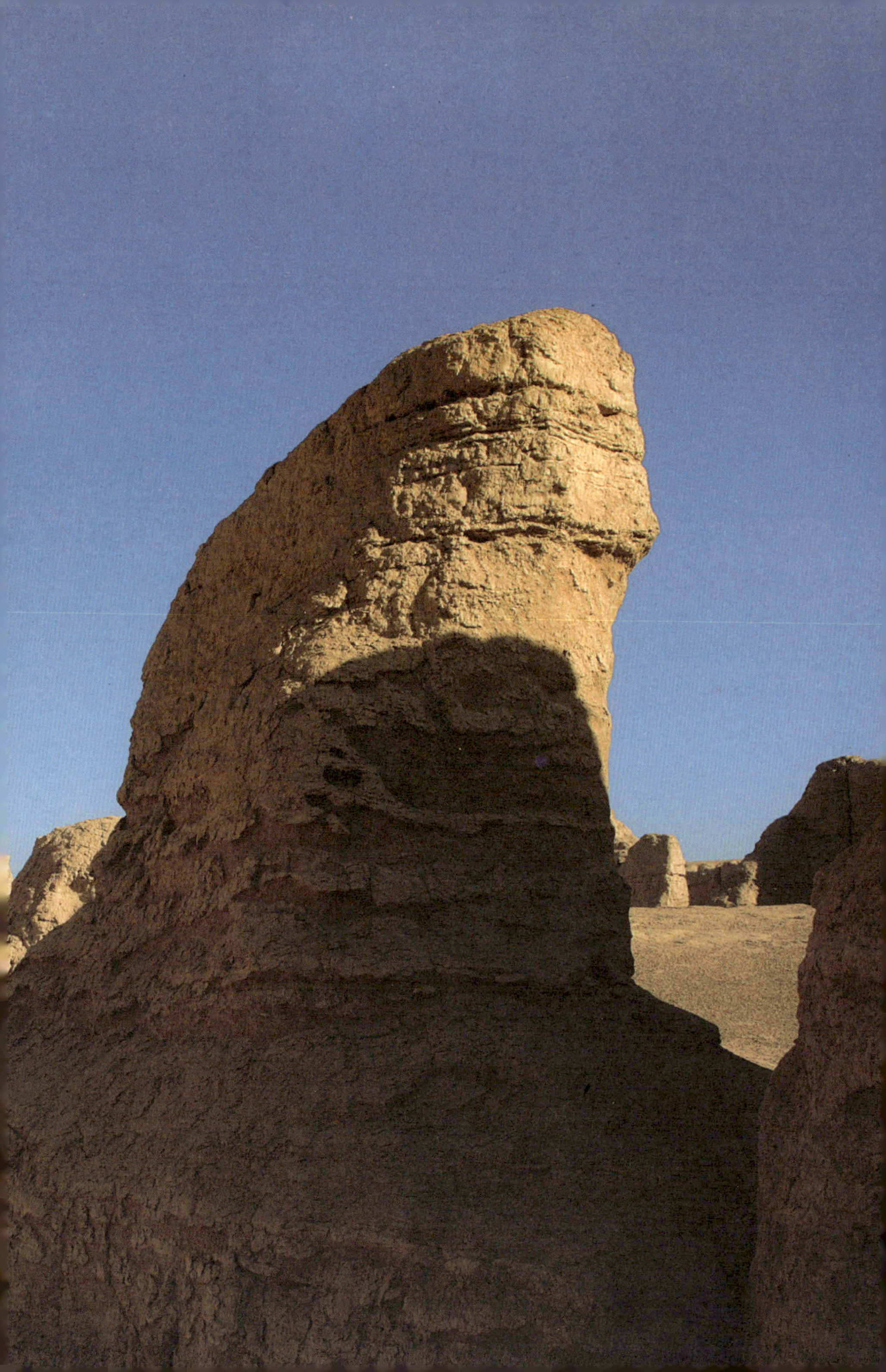

交河古城
瞭望台遗迹

新疆吐鲁番

交河古城以大道为中心，两旁为高而厚的土墙，建筑物由纵横交错的街巷划分成若干区。北部多寺庙遗址，东侧北部大小院落密布，东侧南部多窑洞。另有大院一座，尚保存庭堂、天井、回廊、甬道、台阶等。除此之外，因交河为唐代安西都护府辖地，地近西域各国，因此在守备上具有极重要意义，故除城内主要建筑外，还设有瞭望台，以便了解敌情，至今仍可见其梗概。交河古城多为土筑建物，但因当地少雨，气候干燥，故遗址得以保存。

高昌故城古塔

新疆吐鲁番

高昌故城位于吐鲁番以东40里处，维吾尔语称亦都护城。“高昌”之名最早见于《汉书》，为屯兵之所。唐朝在此置西昌州，后改为西州，是控制天山南路的重镇。约于同时，佛教在高昌盛兴，据说当时城中居民30000人，僧人即达数千人。大唐高僧玄奘西行取经，被曲文泰迎入宫中，留此讲经，曲文泰并亲率群臣听讲。这座佛教古塔，即可作为高昌佛教昌盛的见证。佛塔立于高台之上，气势壮阔，今虽残存遗迹，但仍可想见当时建筑规模之宏大。

高昌故城遗址

新疆吐鲁番

从西汉在高昌屯兵开始，到明初荒废，高昌在历史上前后延续了1500年之久。今之高昌故城遗址，大约建于前凉到曲氏王朝时期。曲氏王朝始于北魏孝文帝太和二十三年(499年)曲嘉被拥为高昌王起，此后历时141年，直至唐初被太宗派兵攻灭，其间是高昌历史上的兴盛时期。高昌故城遗址面积约200万平方米，平面呈方形。今故城城内建筑早已成为废墟，仅余断壁残垣，只有城内西南部的佛殿和佛塔尚可依稀辨认。

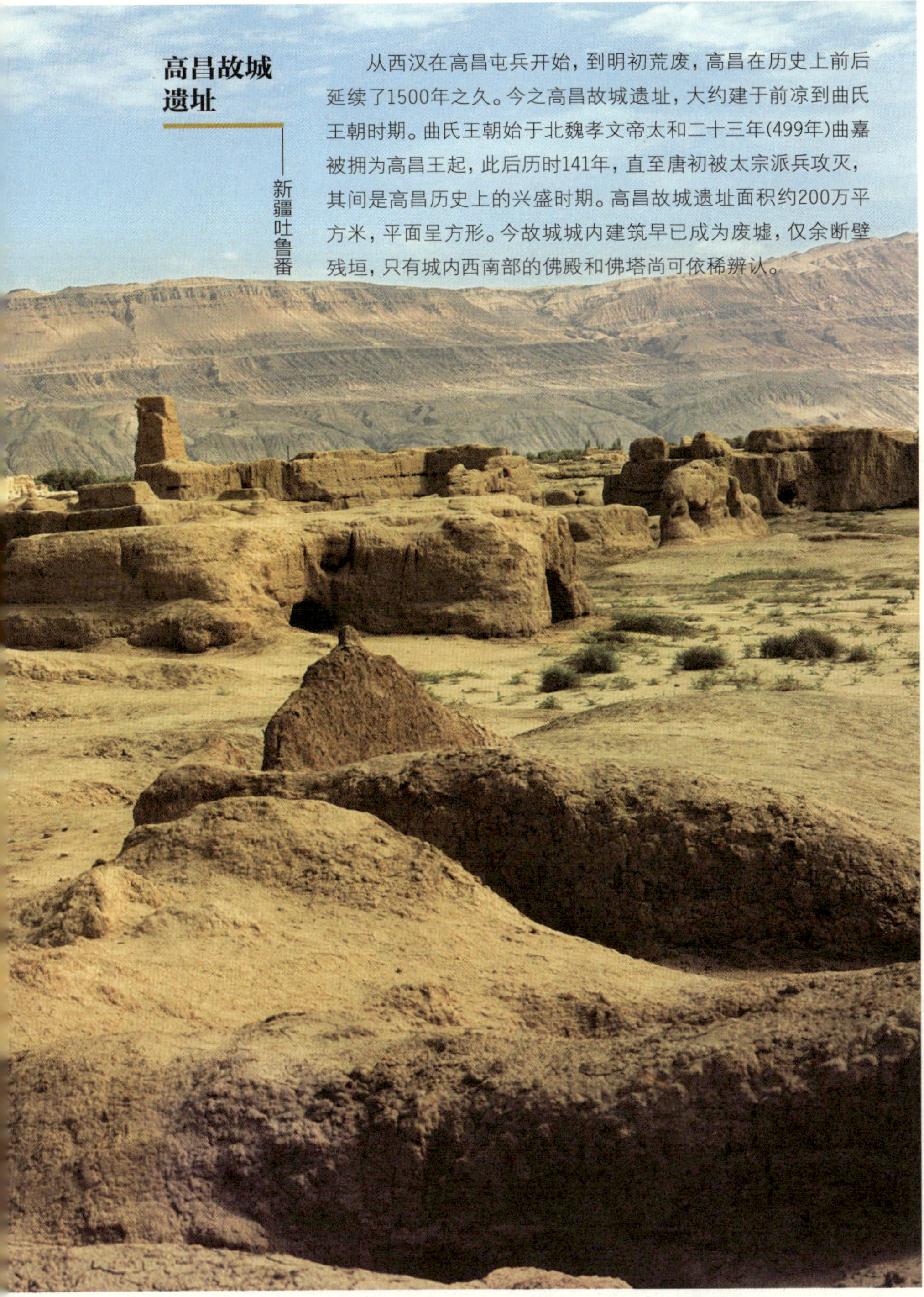

高昌故城夕照

新疆吐鲁番

高昌故城总体建筑可分为宫城、内城和外城三部分。外城残高4米左右，最高处达11.5米，墙厚约12米。城墙为夯筑，周约10公里，每面城墙建有两座城门，城墙之外还有防御工事，内城和宫城的城墙则已十分残缺。城内有许多宫殿、官署、庙宇、作坊、市场等残址，这些建筑原为夯土或土坯建造，门窗顶部多作穹窿形，类似今日吐鲁番的建筑，街巷则已难以辨认。宫城在内城北，仅存一些建筑物的残址。夕阳掩映下的高昌故国，在斜晖之中轮廓清晰，在昏黄之中有苍凉的美感。

巴里坤古城外烽火台

——新疆巴里坤县

自哈萨克自治县城循天山北麓向西沿巴里坤湖南岸直至沙尔乔克，或向北经大河乡至三塘湖，分布许多古代烽火台。巴里坤地处古代交通要道，为战守传烽要站，因此烽火台密布，至今仍遗存二十余座。这些烽火台高5～10米不等，底面积约20平方米，多为方土版筑，间或以块石灰土垒砌。每两座烽火台之间的距离约3～4公里，为在敌军进袭时，便于以烽烟传递军情，因此两台距离并非十分遥远。群列的烽火台，是考察、参观古代丝绸之路上军事、邮驿的实物资料。

巴里坤古城遗迹

新疆巴里坤县

巴里坤位于天山北麓，是蒙古语巴尔库勒的音译，意为“虎前爪”，因其地势险要而得名。汉代此地为西域三十六国之一的蒲类国。巴里坤为古丝绸之路的要站，是从内地经哈密，越天山到北疆的必经之路。唐代在此设蒲类县，现存有唐城遗址。清代先后在此地建筑周长8里的汉城“镇西城”和周长6里的满城“会宁城”，分驻汉、满军队，前者为巴里坤哈萨克自治县驻地。清末满城废弃，唯汉城尚保存有部分墙垣，雉堞、瓮城、马面仍有遗存。

惠远城鼓楼

新疆霍城县

惠远城居霍城东南，有旧、新二城。旧城建于清高宗乾隆二十八年(1763年)，即清朝廷设置“伊犁将军”的次年，伊犁将军即驻于此地。自此到清末，惠远城一直是全疆最高军、政机关驻地。旧城后因河水侵蚀及侵华俄军的破坏，早已残毁不堪。德宗光绪八年(1882年)收复伊犁后，于旧城北十余里处建新城。鼓楼即位于新城内，建于砖构基台之上，基台内构筑十字形拱券通道，由南面通道内的梯道可登台顶。鼓楼高三层，每层均设周围廊，屋面为绿琉璃瓦歇山顶，通高20.04米，建筑精美。

女儿墙： 砌在平台屋顶上或高台、城墙上的矮墙。

斗城： 斗是衡量粮食的容量器，引申墙勺形为斗，故指南、北斗众星为斗星。城墙平面的墙体因某种原因建成为曲屈的勺形，亦常被称为斗城。

水口空： 也叫水口，即在长城通过的河道两侧各建一敌台，用以控制行人通行，如河流较宽，也有建立屯兵堡驻兵屯守的。

水关： 也叫水门，凡有河流通过城垣的地方，多开水关以利人、舟出入。

包砌： 夯土墙外侧包以城砖的做法叫包砌，目的是使城墙更加坚固。

石牌坊： 中国古建筑中，设于建筑群前、城市里坊入口、交通要道口等处的具有装饰点缀作用的大门，称为牌坊。全部用石料制作的牌坊即为石牌坊。帝陵前的石牌坊均为仿木构建筑雕制而成，异常精美，是中国石牌坊中的精品。

石筑墙： 即用条石、块石或毛石垒砌的石墙。筑法是先用条石或块石砌外帮，然后在中心填碎石、沙土，层层上筑直至结顶。

石垛墙： 用石块堆成的一种石墙，先砌磉墩，再于磉墩上逐层垛砌块石为墙。

夯土台： 用夯土筑起的高台，其上建有木构架建筑物，春秋战国以至西汉时期曾盛兴这种高台建筑之风。

夯基： 夯土筑城先要挖槽，再填土，将填土夯实作为夯筑墙身的基础，这个夯实的墙基就叫夯基。

夯窝： 即夯土筑墙时以夯杵夯打黏土留下的圆形窝，其排列、深浅都极为均匀整齐。

列城： 西周时期在北方国境上修筑许多并列的防御性小城堡，这些小城堡之间并无墙垣相结，后世称这些小城为列城。

宇墙： 也就是女儿墙，也叫逆墙。

角墩： 指城墙拐角处的城台，也称角台。

角楼： 建于城墙上四角用以瞭望四方的小楼。

防城库： 建筑在城墙内侧的城墙仓库，是储藏守城武器和士兵隐蔽的地方。

瓮城： 围建在城门外的瓮形小城，多为半圆形，一般侧向开一门，也有开三门的（如北京前门瓮城），其目的是加强城门的防御能力。

券门： 用"发券"方法做成砖石洞口的门，按券的形式又分为半圆形、尖拱形和折线形等。

版筑： 古代惯用的一种筑墙方法，先竖两版，于其中填土，用杵夯实。夯筑一段再向上续筑和横向延伸，直筑到需要的高度和长度为止。

穹隆顶： 建筑物凸屋顶的空间结构，在平面图内呈圆形或多边形。

亭障： 秦时长城沿线上的防御性建筑，可以驻军防守并燃放烽火传递军情，汉代亦称亭隧、障塞。

城口空： 空即长城墙垣供放牧和行人通过的口子，如辽东镇西起第一个口子就叫吾名口空。城口空多用砖砌筑为一个券门洞，也有较少口子为石砌券洞门。

城门道： 即城门洞，供进出城垣的通道，多为砖砌拱券式。

拱券： 拱和券的合称。块状料(砖、石、土坯)砌成的跨空砌体。利用块料之间的侧压力建成跨空的承重结构的砌筑方法称"发券"。用此法砌于墙上做门窗洞口的砌体称券；多道券并列或纵联的构筑物(水道、屋顶)称筒拱；用此法砌成的穹隆称拱壳。

柱础： 由石块雕成，高略等于柱径。有圆鼓形、瓜瓣形、莲瓣形及八角形等，其功用可防水渗入木柱，亦有美观作用。

宫观： 古代苑囿中供帝王休息和游乐的一种建筑。

逆墙： 即女儿墙、宇墙，指建在城墙顶内侧的矮墙。

马面： 即骑墙并凸出墙体外的墙台，在长城上称敌台或战台，根据武器射程，在一定距离修建一座。

马道： 城墙内侧为人、畜登城而修建的坡道，大多建于城门附近。马道一般比较宽大，坡度也比较缓，不仅士卒可由此登城，官员乘马、乘轿登城及载运辎重的车辆也可以由马道登上城顶。

垛口：城墙外侧女儿墙上呈凹字形的缺口，供守城射箭用。

望楼：攻城者用以侦察城中敌情的一种木构小型高楼，以坚木为柱，上构板屋，望子可于其中观察城中敌方活动。

梯道：修建在超过45°斜坡之长城顶上的阶梯登道，便于守城士卒在城上巡逻与迎敌。

烽火台：一般叫烟墩，汉代称烽燧、烽堠，是长城防线专为传递军情、举火放烟的高台建筑。烽火台多建于高阜处而且连属相接，以利传烽报警。

单面墙：长城墙顶一般都比较宽阔，内缘建宇墙，外缘建垛墙，墙顶上可供人马巡行；但于绝险处，墙顶却十分狭窄，只有两块砖宽，这种墙就叫单面墙。

堠寨：堠是瞭望敌情的土堡，一般为方形，筑有围墙，堡内建有旗墩、烟墩、望楼，并有士卒驻守。

隅墙：隅指墙角，隅墙即城角部位的墙。

雁翅城：就是翼城，如雁之两翅居于主城两侧。

坞壁：也叫坞堡，东汉末年兴起的一种地方乡曲聚居自保的小城堡，一般为方形，周有高墙围绕，前后开门，四角建有角楼。

路口空：不设城垣的长城缺口，有意留出路口，在路口建立敌台，用以控制行人通过。

闸楼：也叫闸门，是城门洞上安放城闸的楼阁式建筑物。闸楼设有吊索，可根据需要吊起或放下城闸。

雉堞：即城墙排列成如齿状的矮墙。

旗墩：城上、城中、寨垣中用以悬插旗帜的高台叫旗墩，多为夯土筑成，台上立有旗杆。

障城：也叫障塞，即阻挡敌兵进犯的城塞。

障墙：也叫战墙，长城墙垣上接近敌楼处，为阻滞敌方登城之兵攻占敌楼而修筑的短墙，高约2米。障墙上设有瞭望孔与射孔。这种障墙往往修筑多重，是为了抵抗步步登城进犯之敌。

劈山墙：即利用天然山崖陡坡，加以人工凿成壁立的竖墙。

墩台：早见于西周初的鲁城，后世修筑长城往往于墙外或骑墙建墩台，均为防敌之建筑，也叫敌台或战台。

墩堡：长城外较远处的烽火台，为了防备敌兵侵扰，往往于台周加筑围墙，构成墩堡型。

墩堠：即烽堠，也就是明代的烽火台。

敌台：就是马面，亦称战台。

敌楼：城墙上用以瞭望的楼台。

楼橹：建在城台上的楼阁建筑，供储藏武器及士卒休息之用，也可用以瞭望远方之敌情。

箭窗：开设在城门箭楼或长城敌台上用以射箭的小窗，窗框内设小窗扇可以启闭。这种箭窗往往设有多孔，如永定门正面即辟有箭窗两层，每层七孔。

箭楼：建于城门瓮城城台上的楼阁式建筑，为了向外射击，迎敌面及两侧开有箭窗数层。

铺房楼：建在长城骑墙敌台上的建筑物，在一般城墙上的又叫楼橹，周围环以垛墙，楼内可供储武器，驻士卒，内卫士卒，外击敌人。

礤墩：砌墙时先挖槽，于槽内用块石或砖垒礤，然后再于其上砌砖、石墙体。这个墙体的基础就叫礤墩。

挡马墙：建于长城外侧用以阻挡敌方骑兵进犯攻城的矮墙，一般为块石砌筑。

砖券：以砖砌筑的拱形结构，常用于城门洞、墓穴与无梁殿等建筑物。

险山墙：依自然山势，因险将其缺口垒筑为墙，形成一道完整的长城墙体。

壕堑：即防御性的壕沟。

翼城：建在主城两侧不远处的小城叫翼城。用以拱御主城，形成互相声援的犄角之势。

垒砌：以土坯、石块或城砖砌墙叫垒砌，它是将土坯、砖、石一块一块地上垒而成墙垣，故称垒砌。

礌石孔：城墙顶上的垛墙下部开设用以推圆木和石块的孔就叫礌石孔。

护城壕：即城壕或护城河，挖掘于城墙外侧，内灌以水，以防敌方进攻时接近城墙。

护墙坡：指筑于夯土墙内外两侧的斜坡状夯土坡，用以护持夯土墙免于被雨水冲蚀坍塌。

护关台：指建于关城两侧的阙形空心高台，上建敌楼，用以拱御关城，增加关城的防御能力。

附录二 / 中国古建筑年表

朝代	年代	中国年号	大事纪要
新石器时代	前约4800年		今河姆渡村东北已建成干阑式建筑(浙江余姚)
	前约4500年		今半坡村已建成原始社会的大方形房屋(陕西西安)
	前3310～2378		建瑶山良渚文化祭坛(浙江余杭)
	前约3000年		今灰嘴乡已建成长方形平面的房屋(河南偃师)
	前约3000年		今江西省清江县已出现长脊短檐的倒梯形屋顶的房屋
	前约3000年		建牛河梁红山文化女神庙(辽宁凌源)
商	前1900～1500		二里头商代早期宫殿遗址，是中国已知最早的宫殿遗址(河南偃师)
	前17～11世纪		今河南郑州已出现版筑墙、夯土地基的长方形住宅
	前1384	盘庚十五年	迁都于殷，营建商后期都城(即殷墟，今河南安阳小屯)
	前12世纪	纣王	在朝歌至邯郸间兴建大规模的苑台和离宫别馆
西周	前12世纪～771		住宅已出现板瓦、筒瓦、人字形断面的脊瓦
	前12世纪	文王	在长安西北40里造灵囿
	前12世纪	武王	在沣河西岸营建沣京，其后又在沣河东岸建镐京
	前1095	成王十年	建陕西岐山凤雏村周代宗庙
	前9世纪	宣王	为防御猃狁，在朔方修筑系列小城
	前777	宣王五十一年(秦襄公)	秦建雍城西，祭白帝。后陆续建密畤、上畤、下畤以祭青帝、黄帝、炎帝，成为四方神畤
春秋	前6世纪		吴王夫差造姑苏台，费时3年
	前475	敬王四十五年	《周礼·考工记》提出王城规划须按“左祖右社”制度安排宗庙与社稷坛
战国	前4～3世纪		七国分别营建都城；齐、赵、魏、燕、秦并在国境中的必要地段修筑防御长城
	前350～207		陕西咸阳秦咸阳宫遗址，为一高台建筑
秦	前221	始皇帝二十六年	秦灭六国，在咸阳北阪仿关东六国而建宫殿
	前221	始皇帝二十六年	秦并天下，序定山川鬼神之祭
	前221	始皇帝二十六年	派蒙恬率兵30万北逐匈奴，修筑长城：西起临洮，东至辽东；又扩建咸阳
	前221～210	始皇帝二十六至三十七年	于陕西临潼建秦始皇陵
	前219	始皇帝二十八年	东巡郡县，亲自封禅泰山，告太平于天下
	前212	始皇帝三十五年	营造朝宫(阿房宫)于渭南咸阳
西汉	前3世纪		出现四合院住宅，多为楼房，并带有坞堡
	前206	高祖元年	项羽破咸阳，焚秦国宫殿，火三月不绝
	前205	高祖二年	建雍城北畤，祭黑帝，遂成五方上帝之制
	前201	高祖六年	建枌榆社于原籍丰县，继而令各县普遍建官社，祭土地神祇
	前201	高祖六年	令祝官立蚩尤祠于长安
	前201	高祖六年	建上皇庙
	前200	高祖七年	修长安(今西安)宫城，营建长乐宫
	前199	高祖八年	始建未央宫，次年建成

续表

朝代	年代	中国年号	大事纪要
西汉	前199	高祖八年	令郡国、县立灵星祠，为祭祀社稷之始
	前194～190	惠帝一至五年	两次发役30万修筑长安城
	前179	文帝元年	天子亲自躬耕籍田，设坛祭先农
	前179	文帝元年	在长安建汉高祖之高庙
	前164	文帝十六年	建渭阳五帝庙
	前140～87	武帝年间	于陕西兴平县建茂陵
	前140	武帝建元元年	创建崂山太清宫
	前139	武帝建元二年	在长安东南郊建立太一祠
	前138	武帝建元三年	扩建秦时上林苑，广袤300里，离宫70所；又在长安西南造昆明池
	前127	武帝元朔二年	始修长城、亭障、关隘、烽燧；其后更五次大规模修筑长城
	前113	武帝元鼎四年	建汾阴后土祠
	前110	武帝元封元年	封禅泰山
	前109	武帝元封二年	建泰山明堂
	前104	武帝太初元年	于长安城西建建章宫
	前101	武帝太初四年	于长安城内起明光宫
	前32	成帝建始元年	在长安城建南、北郊，以祭天神、地祇，确立了天地坛在都城规划布置中的地位
	4	平帝元始四年	建长安城郊明堂、辟雍、灵台
	5	平帝元始五年	建长安四郊兆、祭五帝、日月、星辰、风雷诸神
	5	平帝元始五年	令各地普建官稷
新	20	王莽地皇元年	拆毁长安建章宫等十余座宫殿，取其材瓦，建长安南郊宗庙，共十一座建筑，史称王莽九庙
东汉	25	光武帝建武元年	帝车驾入洛阳，修筑洛阳都城
	26	光武帝建武二年	在洛阳城南建立南郊(天坛)祭告天地
	26	光武帝建武二年	在洛阳城南建宗庙及太社稷。宗庙建筑，改变了汉初以来的一帝一庙制度，形成一庙多室，群主异室
	57	光武帝中元二年	建洛阳城北的北郊，祭地祇
	65	明帝永平八年	建成洛阳北宫
	68	明帝永平十一年	建洛阳白马寺
	153	桓帝元嘉三年	为曲阜孔庙设百石卒史，负责守庙，为国家管理孔庙之始
	2世纪	东汉末年	张陵修道鹤鸣山，创五斗米教，建置致诚祈祷的静室，使信徒处其中思过；又设天师治于平阳
	2世纪末	东汉末年	第四代天师张盛遵父(张鲁)嘱，携祖传印剑由汉中迁居龙虎山
三国	220	魏文帝黄初元年	曹丕代汉由邺城迁都洛阳，营造洛阳及宫殿
	221	蜀汉章武元年	刘备称帝，以成都为都
	229	吴黄武八年	孙权由武昌迁都建业，营造建业为都城
	235	魏青龙三年	起造洛阳宫
	237	魏明帝太和十一年	在洛阳造芳林苑，起景阳山
晋	约300年	惠帝永康元年	石崇于洛阳东北之金谷涧，因川阜而造园馆，名金谷园
	327	成帝咸和二年	葛洪于罗浮山朱明洞建都虚观以炼丹，唐天宝年间扩建为葛仙祠

续表

朝代	年代	中国年号	大事纪要
晋	332	成帝咸和七年	在建康(今南京)筑建康宫
	4世纪		在建康建华林园，位于玄武湖南岸；刘宋时则另于华林园以东建乐游苑
	347	穆帝永和三年	后赵石虎在邺城造华林园，凿天泉池；又造桑梓苑
	353～366	穆帝永和九年至废帝太和元年	始创甘肃敦煌莫高窟
	400	安帝隆安四年	慧持建普贤寺(即今万年寺前身)，为峨眉山第一座寺庙
	401～407	安帝隆安五年至义熙三年	燕慕容熙于邺城造龙腾苑，广袤十余里，苑中有景云山
	413	安帝义熙九年	赫连勃勃营造大夏国都城统万城
南北朝	420	宋武帝永初元年	谢灵运在会稽营建山墅，有《山居赋》记其事
	446	北魏太平真君七年	发兵10万修筑畿上塞围
	452～464	北魏文成帝	始建山西大同云冈石窟
	5世纪	北魏	北天师道创立人寇谦之隐居华山
	5世纪	齐	文惠太子造玄圃园，有“多聚奇石，妙极山水”的记载
	494～495	北魏太和十八至十九年	开凿龙门石窟(洛阳)
	513	北魏延昌二年	开凿甘肃炳灵寺石窟
	516	北魏熙平元年	于洛阳建永宁寺木塔
	523	北魏正光四年	建河南登封嵩岳寺砖塔
	530	梁武帝中大通二年	道士于茅山建曲林馆，继之为著名道士陶弘景的华阳下馆
	552～555	梁元帝承圣一至四年	于江陵造湘东苑
	573	北齐	高纬扩建华林苑，后改名为仙都苑
	6世纪	北周	庾信建小园，并有《小园赋》记其事
隋	582	文帝开皇二年	命宇文恺营建大兴城(今西安)，唐代更名长安城
	586	文帝开皇六年	始建河北正定龙藏寺，清康熙年间改称今名隆兴寺
	595	文帝开皇十五年	在大兴建仁寿宫
	605～618	炀帝大业年间	青城山建延庆观；唐代改建为常道观(即天师洞)
	605～618	炀帝大业年间	在洛阳宫城西造西苑，周围20里，有16院
	607	炀帝大业三年	在太原建晋阳宫
	607	炀帝大业三年	发男丁百万余修长城
	611	炀帝大业七年	于山东历城建神通寺四门塔
唐	7世纪		长安宫城内有东、西内苑，城外有禁苑，周围120里
	618～906		出现一颗印式的两层四合院，但楼阁式建筑已日趋衰退
	619	高祖武德二年	确定了对五岳、四镇、四海、四渎山川神的祭祀
	619	高祖武德二年	在京师国子学内建立周公及孔子庙各一所
	620	高祖武德三年	于周至终南山山麓修宗圣宫，祀老子，以唐诸帝陪祭(即古楼观之中心)
	627～648	太宗贞观年间	封华山为金天王，并创建庙宇(西岳庙)
	630	太宗贞观四年	令州县学内皆立孔子庙

续表

朝代	年代	中国年号	大事纪要
唐	636	太宗贞观十年	于陕西省礼泉县建昭陵
	651	高宗永徽二年	大食国正式遣使来唐，伊斯兰教开始传入我国
	7世纪		创建广州怀圣寺
	652	高宗永徽三年	于长安建慈恩寺大雁塔
	653	高宗永徽四年	金乔觉于九华山建化城寺
	662	高宗龙朔二年	于长安东北建蓬莱宫，高宗总章三年（670年）改称大明宫
	669	高宗总章二年	建长安兴教寺玄奘塔
	681	高宗开耀元年	长安建香积寺塔
	683	高宗弘道元年	于陕西省乾县建乾陵
	688	武则天垂拱四年	拆毁洛阳宫内乾元殿，建成一座高达三层的明堂
	7世纪末		武则天登中岳，封嵩山为神岳
	707～709	中宗景龙一至三年	于长安建荐福寺小雁塔
	714	玄宗开元二年	始建长安兴庆宫
	722	玄宗开元十年	诏两京及诸州建玄元皇帝庙一所，以奉祀老子
	722	玄宗开元十年	建幽州(北京)天长观，明初更名白云观
	724	玄宗开元十二年	于青城山下筑建福宫
	725	玄宗开元十三年	册封五岳神及四海神为王；四镇山神及四渎水神为公
	8世纪		在临潼县骊山造离宫华清池；在曲江则有游乐胜地
	742	玄宗天宝元年	废北郊祭祀，改为在南郊合祭天地
	751	玄宗天宝十年	玄宗避安史之乱，客居青羊观，回长安后赐钱大事修建，改名青羊宫
	8世纪		李德裕在洛阳龙门造平泉庄
	8世纪		王维在蓝田县辋川谷营建辋川别业
	8世纪		白居易在庐山造庐山草堂，有《草堂记》述其事
	782	德宗建中三年	于五台山建南禅寺大殿
	857	宣宗大中十一年	于五台山建佛光寺东大殿
	904	昭宗天祐元年	道士李哲玄与张道冲施建太清宫(称三皇庵)
五代	951～960	后周	始在国都东、西郊建日月坛
	956	后周世宗显德三年	扩建后梁、后晋故都开封城，并建都于此。北宋继之以为都城，并续有扩建
	959	后周世宗显德六年	于苏州建云岩寺塔
北宋	960～1279		宅第民居形式趋向定型化，形式已和清代差异不大
	964	太祖乾德二年	重修中岳庙
	971	太祖开宝四年	于正定建隆兴寺佛香阁及24米高观音铜像
	977	太宗太平兴国二年	于上海建龙华塔
	984	太宗雍熙元年(辽圣宗统和二年)	辽建独乐寺观音阁(河北蓟县)
	996	太宗至道二年(辽圣宗统和十四年)	辽建北京牛街礼拜寺
	11世纪		重建韩城汉太史公祠

续表

朝代	年代	中国年号	大事纪要
北宋	1008	真宗大中祥符元年	于东京(今开封)建玉清昭应宫
	1009	真宗大中祥符二年	建岱庙天贶殿
	1009	真宗大中祥符二年	于泰山建碧霞元君祠，祀碧霞元君
	1009～1010	真宗大中祥符二至三年	始建福建泉州圣友寺
	1013	真宗大中祥符六年	再修中岳庙
	1038	仁宗宝元元年(辽兴宗重熙七年)	辽建山西大同下华严寺薄伽教藏殿
	1049～1053	仁宗皇祐年间	贾得升建希夷祠祀陈抟(今玉泉院)
	1052	仁宗皇祐四年	建隆兴寺摩尼殿(河北正定)
	1056	仁宗嘉祐元年(辽道宗清宁二年)	辽建山西应县佛宫寺释迦塔
	11世纪		司马光在洛阳建独乐园，有《独乐园记》记其事
	11世纪		富弼在洛阳有邸园，人称富郑公园
	1086～1099	哲宗年间	赐建茅山元符荣宁宫
	1087	哲宗元祐二年	赐名罗浮山葛仙祠为冲虚观
	1102	徽宗崇宁元年	重修山西晋祠圣母殿
	1105	徽宗崇宁四年	于龙虎山创建天师府，为历代天师起居之所
	1115	徽宗政和五年	在汴梁建造明堂，每日兴工万余人
	1125	徽宗宣和七年	于登封建少林寺初祖庵
	12世纪	北宋末南宋初	广州怀圣寺光塔建成
南宋	12世纪		绍兴禹迹寺南有沈园，以陆游诗名闻于世
	12世纪		韩侂胄在临安造南园
	12世纪		韩世宗于临安建梅冈园
	1131	高宗绍兴元年	建福建泉州清净寺；元至正九年(1349年)重修
	1138	高宗绍兴八年	以临安为行宫，定为都城，并着手扩建
	1150	高宗绍兴二十年(金庆帝天德二年)	金完颜亮命张浩、孔彦舟营建中都
	1163	孝宗隆兴元年(金世宗大定三年)	金建平遥文庙大成殿
	1190～1196	光宗绍兴元年至宁宗庆元二年(金章宗昌明年间)	金丘长春修道崂山太清宫，后其师弟刘长生增筑观宇，建成全真道随山派祖庭
	1240	理宗嘉熙四年(蒙古太宗十二年)	蒙古于山西永济县永乐镇吕洞宾故里修建永乐宫
	1267	度宗咸淳三年(蒙古世祖至元四年)	蒙古忽必烈命刘秉忠营建大都城
	1269	度宗咸淳五年(蒙古世祖至元六年)	蒙古建大都(北京)国子监
	1271	度宗咸淳七年(元世祖至元八年)	元建北京妙应寺白塔，为中国现存最早的喇嘛塔
	1275	恭帝德祐元年(元至元十二年)	始建江苏扬州普哈丁墓
	1275	恭帝德祐元年(元至元十二年)	始建江苏扬州清真寺(仙鹤寺)，后并曾多次重修

续表

朝代	年代	中国年号	大事纪要
元	1281	元世祖至元十八年	浙江杭州真教寺大殿建成，延祐年间(1314～1320年)重建
	13世纪	元初	建西藏萨迦南寺
	13世纪	元初	建大都之禁苑万岁山及太液池，万岁山即今之琼华岛
	13世纪	元初	创建云南昆明正义路清真寺
	14世纪		创建上海松江清真寺，明永乐、清康熙时期重修
	1302	成宗大德六年	建大都(北京)孔庙
	1310	武宗至大三年	重修福建泉州圣友寺
	1320	仁宗延祐七年	建北京东岳庙
	1323	英宗至治三年	重修福建泉州伊斯兰教圣墓
	1342	顺帝至正二年	天如禅师建苏州狮子林
	1343	顺帝至正三年	重建河北定县清真寺
	1350	顺帝至正十年	重修广州怀圣寺
	1356	顺帝至正十六年	北京东四清真寺始建；明英宗正统十二年(1447年)重修
	1363	顺帝至正二十三年	建新疆霍城吐虎鲁克帖木儿玛扎
明	1368～1644		各地都出现一些大型院落，福建已出现完善的土楼
	1368	太祖洪武元年	朱元璋始建宫室于应天府(今南京)
	14世纪	太祖洪武年间	云南大理老南门清真寺始建，清代重修
	14世纪	太祖洪武年间	湖北武昌清真寺建成，清高宗乾隆十六年(1751年)重修
	14世纪	太祖洪武年间	宁夏韦州大寺建成
	1373	太祖洪武六年	南京城及宫殿建成
	1373	太祖洪武六年	派徐达镇守北边，又从华云龙言，开始修筑长城，后历朝屡有兴建
	1376～1383	太祖洪武九至十五年	于南京建灵谷寺大殿
	1373	太祖洪武六年	在南京钦天山建历代帝王庙
	1381	太祖洪武十四年	始建孝陵，位于江苏省南京市，成祖永乐三年(1405年)建成
	1388	太祖洪武二十一年	创建南京净觉寺；宣宗宣德五年(1430年)及孝宗弘治三年(1492年)两度重修
	1392	太祖洪武二十五年	创建陕西西安华觉巷清真寺，明、清两代并曾多次重修扩建
	1407	成祖永乐五年	始建北京宫殿
	1409	成祖永乐七年	始建长陵，位于北京市昌平区
	1413	成祖永乐十一年	敕建武当山宫观，历时11年，共建成8宫、2观及36庵堂、72岩庙
	1420	成祖永乐十八年	北京宫城及皇城建成，迁都北京
	1420	成祖永乐十八年	建北京天地坛、太庙、先农坛
	1421	成祖永乐十九年	北京宫内奉天、华盖、谨身三殿被烧毁
	1421	成祖永乐十九年	建北京社稷坛
	15世纪		大内御苑有后苑(今北京故宫坤宁门北之御花园)、万岁山(即清代的景山)、建福宫花园、西苑和兔苑
	1436	英宗正统元年	重建奉天、华盖、谨身三殿
	1442	英宗正统七年	重修北京牛街礼拜寺；清康熙三十五年(1696年)大修扩建
	1444	英宗正统九年	建北京智化寺

续表

朝代	年代	中国年号	大事纪要
明	1447	英宗正统十二年	于西藏日喀则建扎什伦布寺
	1456	景帝景泰七年	初建景泰陵 ，后更名为庆陵
	1465～1487	宪宗成化年间	山东济宁东大寺建成，清康熙、乾隆时重修
	1473	宪宗成化九年	于北京建真觉寺金刚宝座塔
	1483～1487	宪宗成化十九至二十三年	形成曲阜孔庙今日之规模
	1495	孝宗弘治八年	山东济南清真寺建成，世宗嘉靖三十三年(1554年)及清穆宗同治十三年(1874年)重修
	1500	孝宗弘治十三年	重修无锡泰伯庙
	16世纪		重修山西太原清真寺
	1506～1521	武宗正德年间	秦端敏建无锡寄畅园，有八音涧名闻于世
	1509	武宗正德四年	御史王献臣罢官归里，在苏州造拙政园
	1519	武宗正德十四年	重建北京宫内乾清、坤宁二宫
	1522～1566	世宗嘉靖年间	始建苏州留园；清乾隆时修葺
	1523	世宗嘉靖二年	重修河北宣化清真寺；清穆宗同治四年(1865)年再修
	1524	世宗嘉靖三年	新疆喀什艾迪卡尔礼拜寺建成，清高宗乾隆五十三年(1788)年扩建
	1530	世宗嘉靖九年	建北京地坛、日坛，月坛，恢复了四郊分祭之礼
	1530	世宗嘉靖九年	改建北京先农坛
	1531	世宗嘉靖十年	建北京历代帝王庙
	1534	世宗嘉靖十三年	改天地坛为天坛
	1537	世宗嘉靖十六年	北京故宫新建养心殿
	1540	世宗嘉靖十九年	建十三陵石牌坊
	1545	世宗嘉靖二十四年	重建北京太庙
	1545	世宗嘉靖二十四年	将天坛内长方形的大殿改建为圆形三檐的祈年殿
	1549	世宗嘉靖二十八年	重修福建福州清真寺
	1559	世宗嘉靖三十八年	建上海豫园，为潘允端之私园，大假山则是著名叠石家张南阳造
	1561	世宗嘉靖四十年	始建河南沁阳清真寺，明神宗万历十八年(1590年)、清德宗光绪十三年(1887年)重修
	1568	穆宗隆庆二年	戚继光镇蓟州；增修长城，广建敌台及关塞
	1573～1619	神宗万历年间	米万钟建北京勺园，以“山水花石”四奇著称
	1583	神宗万历十一年	始建定陵，位于北京市昌平区
	1598	神宗万历二十六年	始建永陵，初名兴京陵，清世祖顺治十六年(1659年)改为今名
	1601	神宗万历二十九年	建福建齐云楼，为土楼形式
	1602	神宗万历三十年	始建江苏镇江清真寺；清代重建
	1615	神宗万历四十三年	重建北京故宫皇极(太和)、中极(中和)、建极(保和)三大殿
	1620	神宗万历四十八年	重修庆陵
	1629	思宗崇祯二年(后金太宗天聪三年)	后金于辽宁省沈阳市建福陵
	1634	思宗崇祯七年	计成所著《园冶》一书问世

续表

朝代	年代	中国年号	大事纪要
明	1640	思宗崇祯十三年(清太宗崇德五年)	清重修沈阳故宫笃恭殿(大政殿)
	1643	思宗崇祯十六年(清太宗崇德八年)	清始建昭陵，位于辽宁沈阳市，为清太宗皇太极陵墓
清	1645～1911		今日所能见到的传统民居形式大致已形成
	17世纪	清初	新疆喀什阿巴伙加玛扎始建，后并曾多次重修扩建
	1644～1661	世祖顺治年间	改建西苑，于琼华岛上造白塔
	1645	世祖顺治二年	达赖五世扩建布达拉宫
	1655	世祖顺治十二年	重建北京故宫乾清、坤宁二宫
	1661	世祖顺治十八年	始建清东陵
	1662～1722	圣祖康熙年间	建福建永定县承启楼
	1663	圣祖康熙二年	孝陵建成，位于河北省遵化县
	1672	圣祖康熙十一年	重建成都武侯祠
	1677	圣祖康熙十六年	山东泰山岱庙形成今日之规模
	1680	圣祖康熙十九年	在玉泉山建澄心园，后改名静明园
	1681	圣祖康熙二十年	建景陵，位于河北遵化县
	1683	圣祖康熙二十二年	重建北京故宫文华殿
	1684	圣祖康熙二十三年	造畅春园
	1687	圣祖康熙二十六年	始建甘肃兰州解放路清真寺
	1689	圣祖康熙二十八年	建北京故宫宁寿宫
	1689	圣祖康熙二十八年	四川阆中巴巴寺始建
	1690	圣祖康熙二十九年	重建北京故宫太和殿，康熙三十四年（1695年）建成
	1696	圣祖康熙三十五年	于呼和浩特建席力图召
	1702	圣祖康熙四十一年	河北省泊镇清真寺建成；德宗光绪三十四年（1908年）重修
	1703	圣祖康熙四十二年	建承德避暑山庄
	1703	圣祖康熙四十二年	始建天津北大寺
	1710	圣祖康熙四十九年	重建山西解县关帝庙
	1718	圣祖康熙五十七年	建孝东陵，葬世祖之后孝惠章皇后博尔济吉特氏
	1720	圣祖康熙五十九年	始建甘肃临夏大拱北
	1722	圣祖康熙六十一年	始建甘肃兰州桥门街清真寺
	1725	世宗雍正三年	建圆明园，乾隆时又增建，共四十景
	1730	世宗雍正八年	始建泰陵，高宗乾隆二年(1737年)建成
	1735	世宗雍正十三年	建香山行宫
	1736～1796	高宗乾隆年间	著名叠石家戈裕良造苏州环秀山庄
	1736～1796	高宗乾隆年间	河南登封中岳庙形成今日规模
	1742	高宗乾隆七年	四川成都鼓楼街清真寺建成，乾隆五十九年（1794年）重修
	1745	高宗乾隆十年	扩建香山行宫，并改名静宜园
	1746～1748	高宗乾隆十一至十三年	增建沈阳故宫中路、东所、西所等建筑群落
	1750	高宗乾隆十五年	建造北京故宫雨花阁
	1750	高宗乾隆十五年	建万寿山、昆明湖，定名清漪园，历时14年建成
	1751	高宗乾隆十六年	在圆明园东造长春园和绮春园

续表

朝代	年代	中国年号	大事纪要
清	1752	高宗乾隆十七年	将天坛祈年殿更为蓝色琉璃瓦顶
	1752	高宗乾隆十七年	重修沈阳故宫
	1755	高宗乾隆二十年	于承德建普宁寺，大殿仿桑耶寺乌策大殿
	1756	高宗乾隆二十一年	重建湖南汨罗屈子祠
	1759	高宗乾隆二十四年	重建河南郑州清真寺
	1764	高宗乾隆二十九年	建承德安远庙
	1765	高宗乾隆三十年	宋宗元营建苏州网师园
	1766	高宗乾隆三十一年	建承德普乐寺
	1767～1771	高宗乾隆三十二至三十六年	建承德普陀宗乘之庙
	1770	高宗乾隆三十五年	建福建省华安县二宜楼
	1773	高宗乾隆三十八年	宁夏固原二十里铺拱北建成
	1774	高宗乾隆三十九年	建北京故宫文渊阁
	1778	高宗乾隆四十三年	建沈阳故宫西路建筑群
	1778	高宗乾隆四十三年	新疆吐鲁番苏公塔礼拜寺建成
	1779～1780	高宗乾隆四十四至四十五年	建承德须弥福寿之庙
	1781	高宗乾隆四十六年	建沈阳故宫文溯阁、仰熙斋、嘉荫堂
	1783	高宗乾隆四十八年	建北京国子监辟雍
	1784	高宗乾隆四十九年	建北京西黄寺清净化城塔
	18世纪		建青海湟中塔尔寺
	1789	高宗乾隆五十四年	内蒙古呼和浩特清真寺创建，1923年重修
	1796	仁宗嘉庆元年	始建河北易县昌陵，8年后竣工
	18～19世纪	仁宗嘉庆年间	黄至筠购买扬州小玲珑小馆，于旧址上构筑个园
	1804	仁宗嘉庆九年	重修沈阳故宫东路、西路及中路东、西两所建筑群
	1822	宣宗道光二年	建成湖南隆回清真寺
	1822～1832	宣宗道光二至十二年	天津南大寺建成
	1832	宣宗道光十二年	始建慕陵，4年后竣工
	1851	文宗咸丰元年	建昌西陵，葬仁宗孝和睿皇后
	1852	文宗咸丰二年	西藏拉萨河坝林清真寺建成
	1859	文宗咸丰九年	于河北省遵化县建定陵
	1859	文宗咸丰九年	成都皇城街清真寺建成，1919年重修
	1873	穆宗同治十二年	始建定东陵，德宗光绪五年（1879年）建成
	1875	德宗光绪元年	于河北省遵化县建惠陵
	1882	德宗光绪八年	青海大通县杨氏拱北建成
	1887	德宗光绪十三年	伍兰生在同里建退思园
	1888	德宗光绪十四年	重建青城山建福宫
	1891～1892	德宗光绪十七至十八年	甘肃临潭西道场建成；1930年重修
	1894	德宗光绪二十年	云南巍山回回墩清真寺建成
	1895	德宗光绪二十一年	重修定陵
	1909	宣统元年	建崇陵，为德宗陵寝

图书在版编目(CIP)数据

城池防御建筑：千里江山万里城 / 本社编. —北京：中国建筑工业出版社，2009

(中国古建筑之美)

ISBN 978-7-112-11329-3

Ⅰ.城… Ⅱ.本… Ⅲ.城市防御—建筑艺术—中国—图集 Ⅳ.TU-098.9

中国版本图书馆CIP数据核字（2009）第169203号

责任编辑：王伯扬 张振光 费海玲

责任设计：董建平

责任校对：李志立 赵 颖

中国古建筑之美

城池防御建筑

千里江山万里城

本社 编

*

中国建筑工业出版社出版、发行（北京西郊百万庄）

各地新华书店、建筑书店经销

北京美光制版有限公司制版

北京方嘉彩色印刷有限责任公司印刷

*

开本：880×1230毫米 1/32 印张：6 5/8 字数：190千字

2010年1月第一版 2010年1月第一次印刷

定价：45.00元

ISBN 978-7-112-11329-3

(18590)